Olivia Brun
Tiphaine Germain-Lacour

SO EINFACH IST PFLANZEN VERMEHRUNG

Die **besten Methoden** für 60 Nutz- und Zimmerpflanzen

Bassermann

Gärtnern ist Balsam für die Seele. Wir nehmen uns Zeit für uns selbst und schalten vollkommen ab. Gärtnern ist eine Kontaktaufnahme mit der Erde und der Natur, die sich vor unseren Augen entfaltet. Dabei ist es gar nicht nötig, ein Haus mit Garten zu besitzen. Auch in Wohnungen lassen sich Innengärten gestalten, die uns der Natur näherbringen und uns frische Luft atmen lassen. Maison Bouture wurde vor diesem Hintergrund gegründet. Unser Wunsch war und ist es, Ihnen ein Stück wohltuende Natur zugänglich zu machen, mit der Sie den grauen Alltag hinter sich lassen können.

Maison Bouture baut – für die Zeit eines Wochenendes – temporäre Gärten in Innenstädten auf. Diese Garteninstallationen sind grüne Oasen, die zum Flanieren und Entspannen einladen. Ob blutige Anfänger oder erfahrene Gartenprofis: Die Begegnungen, die sich dort abspielen, tragen immer Früchte. Nicht selten werden nicht nur Tipps und Tricks, sondern auch Pflanzen ausgetauscht. Unsere Gärten bieten so eine Auszeit vom geschäftigen Leben, in dem oft Dinge im Vordergrund stehen, die nicht wirklich essenziell sind. Dieses Buch spiegelt unsere Begeisterung und unsere Überlegungen wider und soll dazu beitragen, allen LeserInnen einen Garten zu ermöglichen, der Gaumen- und Augenschmaus zugleich ist.

Tiphaine

Olivia

Inhaltsverzeichnis

Einleitung

Um dem Alltag ein Stück weit zu entfliehen, haben Sie viele Möglichkeiten. Sie können ein Buch lesen, einen Film schauen, am Strand oder in den Bergen spazieren gehen – oder aber gärtnern! Wer sich Zeit nimmt, sich um seine Pflanzen zu kümmern, sie zu nähren, zu schneiden, umzutopfen, zu vermehren, ihnen beim Wachsen und Erblühen zuzusehen, wird schnell feststellen, wie er von einer inneren Ruhe erfasst wird. Was gibt es Schöneres, als zu beobachten, wie sich ein Samen, ein Kern, ein Stängel oder ein Blatt auf fast wundersame Weise in eine neue Pflanze verwandelt? Oder diesem mitreißenden Spektakel beizuwohnen, wenn eine neue Wurzel wächst oder sich ein neues Blatt langsam aber sicher vor unseren Augen entfaltet?

Pflanzen zu vermehren, macht nicht nur Spaß, es ist auch ganz einfach – selbst wenn Sie glauben, keinen grünen Daumen zu haben. Doch bevor Sie sich in die Arbeit stürzen, sollten Sie sich mit den Grundlagen vertraut machen. Dann steht Ihrem Erfolg in Sachen Stecklingsvermehrung und Keimung von Obststeinen und -kernen nichts mehr im Weg.

Was ist Keimung?

Die Keimung ist der Startschuss für die Entwicklung einer Pflanze aus einem Stein oder einem Kern. Bei Kontakt mit Feuchtigkeit und Wärme erwachen diese aus der Keimruhe. Sie öffnen sich und bringen eine kleine Wurzelfaser zum Vorschein, die die Geburt einer neuen Pflanze anzeigt.

Optimale Bedingungen schaffen

Die Steine oder Kerne einiger Pflanzenarten müssen vor dem Erwachen aus der Keimruhe einen obligatorischen Stopp im Kühlschrank einlegen. Dies simuliert die kühlen Temperaturen im Winter. Kommen sie danach mit einer feuchten Wärme in Kontakt, glauben sie, es sei Frühling und beginnen zu keimen. Einige Steine und Kerne (wie beispielsweise der Stein der Mango) dürfen keiner Lichtquelle ausgesetzt werden. Andere wiederum benötigen eine ausgesprochen helle Umgebung, um die Keimung in Gang zu bringen, zum Beispiel die Kerne von Zitrusfrüchten.

Die richtige Ausrüstung

Für Samen gibt es zwar besondere Keimboxen, aber Sie werden feststellen, dass Sie in Ihren Küchen- und Badezimmerschränken bereits genau das Material haben, das Sie benötigen:

- **EINEN KLEINEN BEHÄLTER,** zum Beispiel ein Glas oder den Deckel eines Marmeladenglases, der für die Keimung von Samen genutzt werden kann.
- **WATTE ODER KÜCHENPAPIER,** um Kerne einzuwickeln und in einer feuchten Umgebung aufzubewahren.

- **EINE GLASVASE** für die Keimung im Wasser. Dank ihrer Lichtdurchlässigkeit werden die Wurzeln nicht nur mit ausreichend Licht versorgt, Sie können ihnen auch beim Wachsen zusehen und den richtigen Moment zum Einpflanzen abpassen.
- **EIN SCHÄLCHEN MIT LOCH**, zum Beispiel einen Trichter oder den Hals einer Plastikflasche, zum Aufstecken auf eine Vase. Darin werden die keimenden Kerne aufbewahrt, um sie oberhalb des Wassers in einer feuchten Umgebung zu halten.
- **KLEINE ANZUCHTTÖPFE** für Samen oder Sämlinge.
- **TÖPFE MIT ABZUGSLOCH**, um Ihre Stecklinge nach der Keimung einzupflanzen. Verwenden Sie am besten Tontöpfe, die die Wurzeln besser atmen lassen und länger die Feuchtigkeit halten.
- **ERDE**, die an die Pflanzenart und ihr jeweiliges Wachstumsstadium angepasst ist, wie zum Beispiel Anzuchterde, Zitruserde oder feine, wasserdurchlässige Pflanzenerde.

Was ist Stecklingsvermehrung?

Bei der Stecklingsvermehrung geht es darum, aus einem einer sogenannten „Mutterpflanze" entnommenen Pflanzenteil einen neuen Trieb zu züchten. Mithilfe einer passenden Technik ziehen Sie eine Pflanze heran, die die gleiche DNA wie die Mutterpflanze besitzt: die gleiche Farbe, das gleiche Blattwerk, die gleiche Größe usw. Daher ist es wichtig, nur gesunde Pflanzen zu vermehren, die keine Krankheitsanzeichen aufweisen.

Bei dieser Methode geht es nicht darum, Samen zum Keimen zu bringen. Wenn Sie einen Stängel oder ein Blatt abschneiden, verheilt diese Wunde und bildet einen Kallus, das ist eine kleine trockene Kruste. Von dieser Stelle aus regenerieren sich die zukünftigen Wurzeln und ermöglichen so das Wachstum einer neuen Pflanze. Bei einigen Arten ist es jedoch nicht notwendig, die Bildung eines Kallus abzuwarten. Wenn Blätter dünnblättriger Pflanzen von der Mutterpflanze abgetrennt werden, bedeutet dies einen enormen Stress für sie. Sie verwelken und werden weich. Es ist daher wichtig, sie schnell einzupflanzen oder in Wasser zu stellen. Sukkulenten und Kakteen dagegen, die Wasser in ihren Blättern speichern, würden mit Sicherheit verfaulen, wenn sie direkt in feuchte Erde eingepflanzt oder ins Wasser gestellt würden. Bei diesen Arten sollte also auf die Bildung des Kallus gewartet werden, um Infektionen zu vermeiden. Es ist unglaublich beeindruckend, dabei zuzusehen, wie ein kleiner, akribisch ausgesuchter Pflanzenteil neue Wurzeln bildet und innerhalb weniger Wochen oder Monate eine ganz neue Pflanze bildet.

Gründe für Stecklingsvermehrung

Zunächst einmal macht Stecklingsvermehrung einfach Spaß! Gewisse Pflanzen lassen sich unendlich oft vermehren, und wenn man sie nicht selbst behält, sind diese Zöglinge eine wunderschöne Geschenkidee. Mit Ihren Pflanzen geben Sie Freude weiter und laden andere zum Entdecken und Bewundern ein.

Stecklingsvermehrung dient jedoch auch dazu, Pflanzen wieder aufzupäppeln, die glanzlos und unansehnlich geworden sind. Pflanzen Sie dazu einfach Ihren Steckling am Fuß der Mutterpflanze ein, um ihr eine Verjüngungskur zu verpassen. Umgekehrt ist es auch möglich, einer Pflanze, die zu dicht geworden ist, mehr Luft zum Atmen zu verschaffen: Anstatt ihre Triebe abzuschneiden und wegzuschmeißen, können Sie sie als Stecklinge nutzen. Und die wiederum eigenen sich bestens als Geschenk für Familie und Freunde.

Optimale Bedingungen schaffen

Um Ihre Erfolgsaussichten zu optimieren, ist es wichtig, Ihre Stecklinge richtig auszuwählen. Die Mutterpflanze, bei der Sie die Stecklinge abschneiden, muss gesund sein und keine Anzeichen von Krankheiten oder Parasiten aufweisen. Welche Teile sich als Steckling eignen, hängt von der jeweiligen Pflanze ab. Aber eins nach dem anderen: Das erklären wir Ihnen alles auf den folgenden Seiten!

Das richtige Arbeitsmaterial

- **EINE GARTENSCHERE** ist besser geeignet als eine normale Schere, die den Steckling beim Abschneiden zusammendrückt. Ihr Arbeitsmaterial muss immer sauber sein und mit Alkohol desinfiziert werden. Die Stecklinge sind empfindlich und können schnell anfangen zu faulen und von Krankheiten oder Parasiten befallen werden. Für Wolfsmilchgewächse und Kakteen benötigen Sie ein sehr scharfes Messer, um präzise Schnitte auszuführen.
- **EIN ZERSTÄUBER** ist ein unverzichtbares Werkzeug. Er eignet sich bestens für die Stecklingsvermehrung mit Blättern und ermöglicht eine sanfte Befeuchtung der Pflanzenerde, ohne dass die Blätter dabei nass werden. Er wird auch gebraucht für Pflanzen, die eine konstante Feuchtigkeit benötigen.
- **EIN STÜCK HOLZKOHLE**, das auf den Boden einer Vase gelegt wird, um das Wasser zu reinigen.
- **EINE PFLANZENERDE**, die der jeweiligen Pflanzenart entspricht. Diese besteht meist aus Erde, Torf, Dünger, Sand und kompostierten Pflanzen. Sie versorgt die Pflanze mit Nährstoffen, stimuliert das Wurzelwachstum und speichert Wasser. Das Wohlbefinden und das Wachstum der Pflanze hängen von ihr ab. Es gibt verschiedene Sorten für die unterschiedlichen Stadien der Stecklingsvermehrung, für spezielle Pflanzen oder zum Umtopfen.
  - **Anzuchterde:** Das ist eine sehr feine, leichte Erde mit wenigen Nährstoffen, die dazu dient, Feuchtigkeit und Wärme zu speichern sowie die Verwurzelung zu begünstigen.
  - **Universalerde:** Sie wird zum Umtopfen von Pflanzen benötigt und eignet sich für alle Grün- und Blühpflanzen.
  - **Grünpflanzenerde:** Sie können Ihre Pflanzen mit dieser Erde umtopfen. Sie ist sehr locker und fördert die Belüftung der Wurzeln. Gleichzeitig ist sie fest genug, um ihnen einen guten Halt zu garantieren. Sie enthält Nährstoffe, die für die Entwicklung und das harmonische Wachstum der Pflanze unabdingbar sind.

- **Kakteen- und Sukkulentenerde:** Diese Erde besteht aus Sand und Erde, ist sehr leicht und ermöglicht eine ausgezeichnete Drainage, was Wurzelfäulnis vorbeugt.
- **Mediterrane Pflanzenerde und Zitruserde:** Sie ist eine äußerst wasserdurchlässige Erde für Pflanzen, denen Staunässe zum Verhängnis werden würde. Sie ist außerdem mit Nährstoffen angereichert.
- **Kräutererde:** Kräuter werden oft wegen ihrer Blätter angebaut. Die spezielle Zusammensetzung der Kräutererde sorgt für eine reiche Ernte.

• **BLÄHTON:** Oft vergisst man diese kleinen Tonkügelchen, aber sie spielen eine wichtige Rolle. Sie helfen dabei, das Wasser abfließen zu lassen, und verhindern so, dass es sich am Boden des Blumentopfes ansammelt und zu Wurzelfäulnis führt. Die meisten Pflanzen stehen nicht gern im Wasser! Es sollte daher grundsätzlich Blähton auf den Boden von Pflanzgefäßen gegeben werden. Die Gefäße selbst sollten über Abzugslöcher verfügen. Falls Sie sich für Übertöpfe entscheiden, sollten Sie nicht vergessen, diese nach jedem Gießen auszuleeren.

PILEA

KAPITEL 1

Die richtigen Handgriffe

Obststeine, Kerne und Pflanzenreste zum Keimen bringen

Obststeine und Kerne von Obst und Gemüse können zum Keimen gebracht werden, um neue Pflanzen oder Bäume zu züchten. Garantiert werden kann ihre Keimung jedoch nicht: Bei der großen Anzahl von Kernen in einem Apfel oder all den Haselnüssen, die auf die Erde fallen, wäre unser Planet mit Bäumen übersät, wenn jeder Obststein und jeder Kern keimen würde. Um die Erfolgsaussichten zu steigern, empfehlen wir Ihnen daher, einige Kerne oder Obststeine auszuwählen. Anschließend müssen sie nur die richtigen Techniken anwenden. Und falls Ihnen Verschwendung ein Dorn im Auge ist, dann werfen Sie ihre Gemüsereste nicht mehr weg. Einige von ihnen können zum Keimen gebracht werden und die Pflanzen wachsen nach.

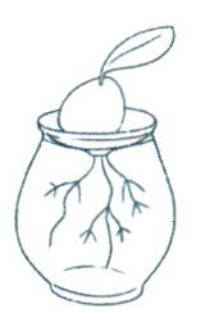

Obststeine und große Einzelkerne

Pflanzen- und Arbeitsmaterial

- Obststeine
- Ein Glasgefäss
- Ein Schälchen mit Loch
- Watte oder Küchenpapier
- Wasser (Zimmertemperatur)
- Ein Topf mit Abzugsloch, 8 bis 10 cm Durchmesser
- Anzuchterde

OBSTSTEINE ZUM KEIMEN BRINGEN

Zu den Obstsorten, die einen Stein haben, zählen Pfirisch, Mirabelle und Pflaume. Obwohl allgemein von Kirschkernen gesprochen wird, besitzen Kirschen botanisch gesehen ebenfalls einen Stein. Um die Obststeine zum Keimen zu bringen, gehen Sie wie folgt vor:

1 Waschen Sie die Obststeine ab und entfernen Sie mithilfe einer kleinen Bürste alle Fruchtfleischreste. So beugen Sie etwaiger Fäulnis vor.

2 Legen Sie je einen Stein in einen mit Anzuchterde gefüllten Blumentopf. Stellen Sie den Topf an einen warmen, hellen Ort und achten Sie darauf, die Erde immer schön feucht zu halten. Da Steine nicht leicht keimen, sollten Sie mehrere solcher Töpfe vorbereiten, um Ihre Erfolgsaussichten zu erhöhen.

3 Wenn der junge Spross 10 cm hoch ist und sich die Wurzeln gut entwickelt haben – sie müssen lang und robust sein –, ist es an der Zeit, ihn ins Freie zu pflanzen. Am besten machen Sie dies im Frühling, im Sommer oder im Frühherbst.

GROSSE EINZELKERNE ZUM KEIMEN BRINGEN

Zu den Früchten, die nur einen großen Kern ausbilden, zählen beispielsweise die Avocado und die Mango. Sie keimen, wenn sie in Kontakt mit Wasser kommen.

Die ausführliche Anleitung für den Avocadobaum finden Sie auf S. 46, für den Mangobaum auf S. 53.

Kerne

Pflanzen- und Arbeitsmaterial

- Obst- oder Gemüsekerne (Apfel, Birne, Orange oder Kürbis)
- Watte oder Küchenpapier
- Wasser (Zimmertemperatur)
- ein kleiner Behälter mit Deckel (Topf oder Auflaufförmchen)
- ein Topf mit Abzugsloch, 8 bis 10 cm Durchmesser
- Anzuchterde

KERNE ZUM KEIMEN BRINGEN

1 Waschen Sie Ihre Kerne mit Wasser ab, um Fruchtfleisch- oder Gemüsereste zu entfernen. So beugen Sie etwaiger Fäulnis vor.

2 Legen Sie sie in mit warmem Wasser befeuchtete Watte eingewickelt in einen geschlossenen Behälter und stellen Sie diesen für drei bis sechs Wochen in den Kühlschrank. Diese Kühlschrank-Etappe ist sehr wichtig, um die Winterzeit zu simulieren, die die Kerne auch in der Natur durchlaufen würden. So wird, wie im natürlichen Jahresverlauf, die Keimung gefördert.

3 Überprüfen Sie im Laufe der Wochen immer wieder, ob die Watte noch feucht ist.

KERNE ERST IN DEN TOPF, DANN INS FREILAND PFLANZEN

1 Wenn Ihre Samen gekeimt haben, überprüfen Sie, ob sich Wurzelfasern entwickelt haben. Dabei handelt es sich um sehr feine Wurzeln, die an der Hauptwurzel befestigt und ein Zeichen für Robustheit sind.

2 Bevor Sie Ihren Zögling draußen einpflanzen, sollte er eine Weile in einem Blumentopf bleiben. Die keimenden Kerne sind noch recht empfindlich und sollten ihr Wachstum daher zunächst in einem Topf mit Abzugsloch fortsetzen, der mit Anzuchterde gefüllt ist. Diese sollte feucht gehalten werden.

3 Wenn der junge Spross etwa 10 cm hoch gewachsen ist und sich die Wurzeln gut entwickelt haben – sie müssen lang und robust sein –, ist es an der Zeit, ihn draußen einzupflanzen. Am besten machen Sie dies im Frühling, Sommer oder frühen Herbst.

Pflanzenreste

Pflanzen- und Arbeitsmaterial

- geeignetes Gemüse für diese Technik (Lauch, Salat, Karotten, Süsskartoffeln, Kartoffeln oder Knoblauch)
- ein Glasgefäss (Teller, Schale oder Topf)
- ein Schälchen mit Loch oder ein Trichter
- Wasser (Zimmertemperatur)

GEEIGNETE GEMÜSESORTEN UND VORGEHENSWEISE

Knoblauch, Karotten, Süßkartoffeln, Kartoffeln, Lauch und Salat: All diese Lebensmittel konsumieren wir regelmäßig. Sie lassen sich unendlich oft vermehren!

Es reicht aus, einen Pflanzenteil – welcher, hängt von der jeweiligen Gemüsesorte ab – einige Wochen lang in Wasser zu stellen. Einige Gemüsesorten können nach und nach im Laufe ihres Wachstums gegessen werden. Dazu zählen beispielsweise Lauch, Salat oder Karottengrün. Andere wiederum, wie Karotten als solche, Süßkartoffeln oder Kartoffeln, müssen in die Erde gepflanzt werden.

In diesem Buch finden Sie Techniken für Karotten, Süßkartoffeln, Lauch und Salat. Diese können Sie auch für andere Gemüsesorten nutzen, die wir Ihnen im Laufe dieses Buchs vorstellen.

HINWEIS:

Sie können auch Ihre Kräuter nachwachsen lassen, indem Sie Stecklinge im Wasser heranziehen (s. S. 33–41).

Stecklings-vermehrung

Stecklingsvermehrung ist eine einfache und effiziente Technik, um Pflanzen zu vermehren. Sie besteht darin, die Wurzelbildung eines Stengels in einer mit Wasser gefüllten Glasvase zu fördern. Die Erfolgsaussichten mit dieser Technik sind sehr hoch. Sie macht es zudem möglich, das Wurzelwachstum in Echtzeit zu beobachten. Stecklingsvermehrung kann im Wasser oder in der Erde stattfinden. Dies ist abhängig von den jeweiligen Pflanzenteilen: So können einer Mutterpflanze Stengel, Blätter oder Wurzeln entnommen werden. Bei der Technik des Absenkens hingegen, wird der Zweig erst abgetrennt, nachdem sich Wurzeln gebildet haben. Wiederum andere Pflanzen bilden Ableger, die eine ganz einfache Vermehrung ermöglichen.

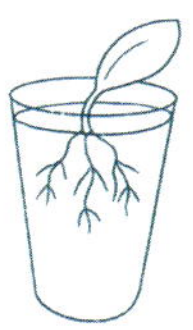

Bewurzelung im Wasser

Pflanzen- und Arbeitsmaterial

- ein von einer Mutterpflanze abgetrennter Steckling
- eine saubere, Gartenschere (oder Schere) – diese im Vorfeld mit Alkohol desinfizieren, um Krankheiten zu vermeiden
- ein Glasgefäss (zum Beispiel eine Glasvase)
- ein Schälchen mit Loch oder ein Trichter
- Wasser (Zimmertemperatur)
- Anzuchterde zum Einpflanzen nach der Keimung im Wasser

DIE GRENZEN DIESER METHODE UND WIE MAN SIE UMGEHT

Diese Methode ist sehr einfach, aber sie hat ihre Grenzen. So kann es passieren, dass sich die Wurzeln des Stecklings an die Wasserumgebung gewöhnen. Beim Einpflanzen in die Erde haben sie dann Probleme, sich anzupassen. Um dem entgegenzuwirken, topfen Sie den Stängel ein, sobald die kleinen, weißen Beulen erscheinen, die den Beginn des Wurzelwachstums markieren. Es ist ebenfalls ratsam, sich für eine leichte Pflanzenerde zu entscheiden, damit sich der Steckling einfacher und schneller an seine neuen Wachstumsbedingungen gewöhnen kann.

Allerdings ist es auch möglich, Stecklinge jahrelang im Wasser zu halten. Die Pflanzen passen sich an ihre Wasserumgebung an und gedeihen ganz vorzüglich. Sie müssen lediglich ab und zu das Wasser wechseln. Der Dekoeffekt dieser Pflanzen ist ebenfalls nicht zu unterschätzen.

WANN SOLLTEN STECKLINGE INS WASSER GESTELLT WERDEN?

Zimmerpflanzen können das ganze Jahr über durch Stecklinge vermehrt werden. Am besten gelingt dies jedoch, wenn sich die Pflanze in einer Wachstumsphase befindet. Dies erleichtert das Angehen des Stecklings. Die Wachstumsphase dauert üblicherweise von Ende Februar bis Ende August.

Gartenpflanzen folgen demselben Prinzip. Eine Stecklingsvermehrung ist vom Frühlingsbeginn bis hin zum Ende des Sommers möglich.

Pflanzen- und Arbeitsmaterial

- eine gesunde sogenannte „Mutterpflanze“, von der sie Ihren Steckling abtrennen
- eine saubere Gartenschere (oder Schere) – diese im Vorfeld mit Alkohol desinfizieren, um Krankheiten zu vermeiden
- ein durchsichtiger Behälter, um das Wurzelwachstum zu beobachten
- ein Schälchen mit Loch oder ein Trichter, um die obere Partie des Stecklings über Wasser zu halten
- vorzugsweise Regenwasser
- ein Stück Holzkohle (optional)
- Anzuchterde zum Einpflanzen nach der Keimung im Wasser

STECKLINGE ABTRENNEN UND VORBEREITEN

Es ist sehr wichtig, einen gesunden Stängel auszuwählen – ohne Blüten, dafür aber mit schön ausgebildeten Blättern. Er darf weder Krankheiten, noch Verletzungen oder Insektenbefall aufweisen. Der Steckling schöpft seine Energie aus den Blättern. Je besser diese entwickelt sind, desto eher sind sie in der Lage, den Steckling bei seinem Wachstum zu unterstützen.

Schneiden Sie unterhalb eines Sprossknotens, da, wo sich die Knospen bilden, mithilfe einer Gartenschere einen Stängel von etwa 15 cm Länge ab. Nur in diesem Bereich können sich neue Wurzeln bilden. Der Schnitt muss schräg erfolgen, um zu verhindern, dass Gießwasser an der Schnittstelle der Mutterpflanze stagniert. Niemals einen Steckling von Hand abbrechen!

Entfernen Sie die Blätter am Stängel. Behalten Sie lediglich drei im oberen Bereich. Entfernen Sie nun die Endknospe, falls Ihr Steckling eine aufweist. Die Pflanze kann so ihre Energie auf das Wurzelwachstum konzentrieren.

DAS RICHTIGE WASSER

Am besten verwenden Sie weiches Wasser (Regenwasser, Quellwasser), um Ihren Behälter aufzufüllen. Pflanzen mögen Leitungswasser nicht sonderlich gern, da es oft mit Chlor versetzt ist und Kalk enthält. Achten Sie darauf, dass das Gießwasser Zimmertemperatur hat. Sie können Ihrem Behälter ein Stück Holzkohle hinzufügen: Dies ist eine natürliche Methode, um Wurzelfäulnis vorzubeugen. Dank weichem Wasser und Holzkohle muss das Wasser seltener gewechselt werden.

ALLES IM GRÜNEN BEREICH

Es ist nicht immer einfach, weiches Wasser oder Holzkohle aufzutreiben. Aber keine Sorge! Ihrem Vorhaben, Stecklinge zu züchten, tut das keinen Abbruch. Allerdings sollten Sie daran denken, das Wasser regelmäßig einmal pro Woche zu wechseln.

DER RICHTIGE STANDORT

Suchen Sie einen hellen Platz ohne direkte Sonneneinstrahlung aus, damit die Blätter nicht austrocknen – das würde die Wurzelbildung behindern. Vermeiden Sie einen Standort, der sich zu nahe an einer direkten Wärmequelle befindet. Um sich bestmöglich zu entwickeln, benötigt Ihr Steckling eine feuchte, ungefähr 19 °C warme Umgebung ohne Zugluft. Jetzt brauchen Sie nur noch etwas Geduld: Schon bald können Sie den ersten Wurzeln beim Wachsen zusehen!

STECKLINGE EINPFLANZEN

Wenn ihre Wurzeln ungefähr 2 bis 3 cm lang sind, ist es wichtig, die Stecklinge in Erde einzupflanzen. So können sich die Wurzeln besser an ihre neue Umgebung gewöhnen und stärker werden. Und so gehts:

1. Verwenden Sie einen Topf mit ca. 10 cm Durchmesser. Füllen Sie ihn mit Anzuchterde. Dabei handelt es sich um eine leichte, feine und wasserdurchlässige Erde. Diese Art von Pflanzenerde eignet sich bestens, um die Verwurzelung des Stecklings zu fördern.

2. Machen Sie ein Loch in die Erde und lassen Sie Ihren Steckling vorsichtig hineingleiten, ohne dabei die Wurzeln zu beschädigen. Dann bedecken Sie die Wurzeln und drücken die Erde vorsichtig an.

3. Gießen Sie regelmäßig, um die Erde feucht zu halten, und achten Sie auf Anzeichen, die auf eine gute Entwicklung hindeuten: neue Blätter und einen wachsenden Stängel.

Bewurzelung in der Erde

Pflanzen- und Arbeitsmaterial

- eine gesunde sogenannte „Mutterpflanze“
- eine saubere Gartenschere (oder Schere) – diese im Vorfeld mit Alkohol desinfizieren, um Krankheiten zu vermeiden
- ein scharfes Messer ohne Wellenschliff für Kakteen und und Bogenhanfpflanzen („Schwiegermutterzungen“)
- ein Topf mit Abzugsloch, 8 bis 10 cm Durchmesser
- Blähton oder Kies, um eine gute Drainage sicherzustellen
- eine durchsichtige Glocke aus Glas oder Kunststoff (halbierte Plastikflasche)
- für Sukkulenten und Kakteen: leichte Pflanzenerde bestehend aus Erde, Torf und Sand
- für Grünpflanzen: Anzuchterde
- Regenwasser

DAS RICHTIGE PFLANZENMATERIAL

Eine Stecklingsbewurzelung in der Erde ist mit Stängeln, Blättern und Wurzeln möglich. Welchen Teil sie abtrennen müssen, hängt von der Pflanze ab, die sie vermehren möchten. So ist eine Vermehrung mit Stängeln bei allen Pflanzen möglich, die welche besitzen. Einige bringen nur Blätter hervor – zum Beispiel Dickblätter, Echeverien, Begonien, Bogenhanf und Peperomien. Man kann Pflanzen auch anhand von Wurzeln vermehren, aber diese Technik ist sehr schwierig und die Erfolgsaussichten sind gering. Angewandt wird sie bei Stauden, wie beispielsweise Disteln, Himbeersträuchern und Aralien.

Unser Buch führt Sie in die einfachsten Techniken ein, die der Kopf- und Blattstecklinge. Die Wurzelstecklinge überlassen wir vorerst den Profis!

DEN TOPF FÜR DEN STECKLING VORBEREITEN

Welchen Behälter Sie für Ihren Steckling aussuchen, ist egal. Tontöpfe eignen sich ebenso wie ihre Pendants aus Kunststoff (z. B. Joghurtbecher). Zwei Dinge hingegen sind wichtig:

- Der Behälter muss über ein Loch im Boden verfügen, damit das Wasser gut ablaufen kann.
- Der Behälter darf nicht zu groß sein: 7 bis 10 cm Durchmesser sind ausreichend. Wurzeln entwickeln sich am besten in kleinen Töpfen.

Geben Sie zunächst etwa 2 cm hoch Kies oder Blähton in ihren Behälter. Dies ermöglicht ein gutes Ablaufen des Wassers. Fügen Sie dann die Erde hinzu. Diese sollten Sie gut befeuchten und das Wasser durchsickern lassen. Schließlich machen Sie mithilfe eines Stifts mittig ein Loch in die Erde.

HINWEIS

Wenn Sie Blattstecklinge von Kakteen und Sukkulenten einpflanzen, dürfen Sie die Erde zuvor nicht anfeuchten. Diese Pflanzen brauchen für ihre Entwicklung keine Feuchtigkeit. Sie können sie direkt in die trockene Erde stecken.

Blattstecklinge

Pflanzen- und Arbeitsmaterial

- gesunde Blätter einer Mutterpflanze
- eine saubere Gartenschere (oder Schere) – diese im Vorfeld mit Alkohol desinfizieren, um Krankheiten zu vermeiden
- ein Messer ohne Wellenschliff
- ein Topf mit Abzugsloch, 8 bis 10 cm Durchmesser
- Blähton oder Kies, um eine gute Drainage sicherzustellen
- Plastikfolie

WELCHE PFLANZEN LASSEN SICH MITHILFE EINES BLATTES VERMEHREN?

Ein Blatt, aus dem eine neue Pflanze entsteht … Hört sich das nicht an wie Zauberei? Diese Technik ist nicht die geläufigste, aber für einige Pflanzen ist sie die einzige, die das Ziehen von Stecklingen ermöglicht. Dazu zählen: Kalanchoe, Opuntie, Echeverie, Hauswurz, Mauerpfeffer, Dickblatt, Yucca, Bogenhanf, Begonie und Peperomie. Die Blätter dieser Pflanzen bringen Wurzeln hervor, wenn sie in Kontakt mit der Erde kommen.

DER BESTE ZEITPUNKT

Blattstecklinge können zu jeder Jahreszeit gezogen werden, außer bei Frost. Die besten Jahreszeiten sind jedoch Frühling und Sommer. Die vorherrschende Wärme sorgt für ein besseres Angehen der Stecklinge. Vorsicht vor zu viel Wasser: Kakteen und Dickblätter benötigen eine trockene Erde. Begonien und Peperomien hingegen bevorzugen eine leicht feuchte Erde, um sich gut zu entwickeln.

STECKLINGE SCHNEIDEN, VORBEREITEN UND EINPFLANZEN

Begonien und Peperomien

Entfernen Sie ein gesundes Blatt mit seinem Blattstiel, also dem kleinen Stängel, der das Blatt mit dem Hauptspross der Pflanze verbindet. Schneiden Sie den Stiel ca. 3 cm unterhalb des Blattansatzes ab.

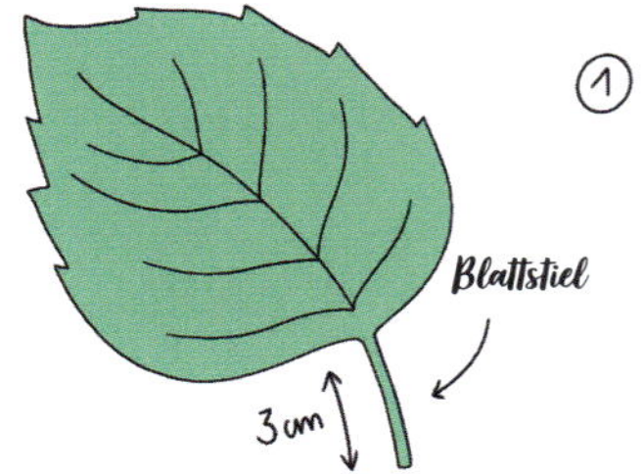

Anschließend schneiden Sie die größten Blattadern mithilfe eines Cutters auf ca. 1 cm ein, und zwar an der Kreuzung mit den anderen Blattadern (auf Höhe der Abzweigungen). An diesen Stellen werden sich später die neuen Triebe entwickeln, die den Beginn der Keimung und somit der neuen Pflanze markieren.

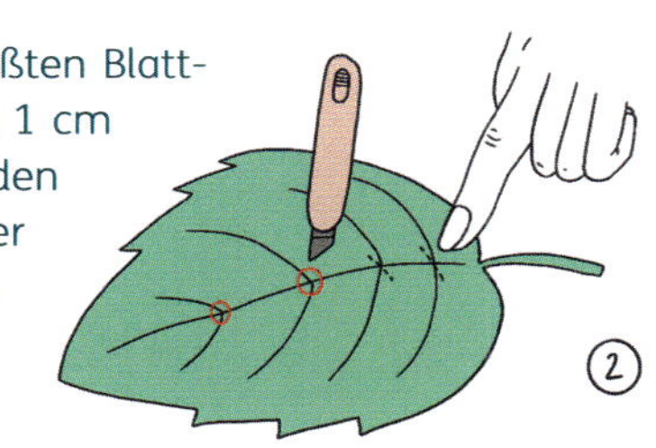

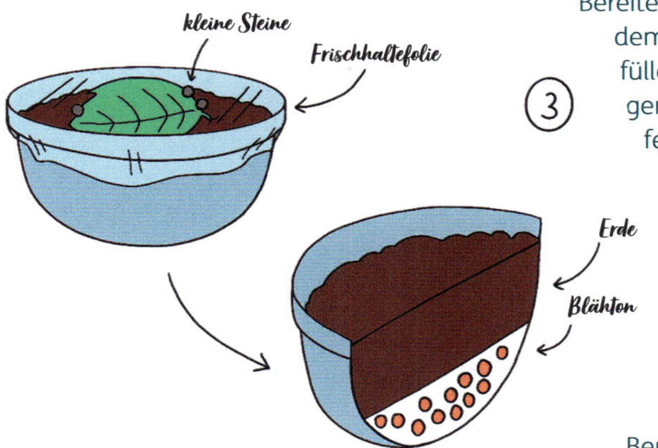

Bereiten Sie Ihren Topf vor, indem Sie Blähton auf dem Boden verteilen und Anzuchterde einfüllen. Stecken Sie den Blattstiel in das zuvor gemachte Loch und legen Sie das Blatt auf die feuchte Erde. Die Seite mit den Einschnitten muss dabei auf der Erde aufliegen. Damit das Blatt auch schön flach auf der Erde liegen bleibt, können Sie Steinchen auf seine Ränder legen.

Halten Sie die Erde leicht feucht, indem Sie den Topf regelmäßig in Wasser stellen, ohne dabei das Blatt mit Wasser in Berührung zu bringen. Sie können den Behälter auch mit durchsichtiger Plastikfolie abdecken und Gewächshausbedingungen nachahmen. So bleibt der Feuchtigkeitsgehalt bei 100 Prozent. Dies nennt man „Stecklingsvermehrung unter Gewächshausbedingungen“. Stellen Sie Ihren Behälter in einen warmen (20 bis 24 °C), hellen Raum ohne direkte Sonneneinstrahlung. Nach drei bis sechs Wochen sollten, je nach Pflanze, die ersten Keimlinge zu sehen sein.

Sukkulenten und Kakteen

Suchen Sie ein gesundes Blatt aus und trennen Sie es an der Basis mit einer kräftigen Bewegung ab. Für Kakteen mit dickem Stamm oder Kladodien (z. B. Opuntien) benötigen Sie ein Messer ohne Wellenschliff, mit dem Sie den Steckling kraftvoll abschneiden können. Lassen Sie den Steckling drei bis vier Tage trocknen, damit die „Wunde“ vernarben kann. Bei Kakteen kann diese Trocknungsphase abhängig von der Größe des Stecklings zwei bis drei Wochen dauern.

Sobald sich ein Kallus (Wundgewebe) gebildet hat, kann Ihr Steckling eingepflanzt werden. Die Basis des Blattes kann nun in die Erde gesteckt werden. Es ist nicht nötig, das Blatt allzu tief in die Erde zu drücken. Es muss auch nicht sofort gegossen werden. Das machen Sie erst, wenn sich kleine Wurzeln gebildet haben und selbst dann nur mit sehr wenig Wasser. Wenn die Erde zu feucht ist, könnte Ihr Steckling sehr schnell faulen.

Kopfstecklinge mit und ohne Anzuchtglocke

Pflanzen- und Arbeitsmaterial

- gesunde Stängel einer Mutterpflanze
- eine saubere Gartenschere (oder Schere) – diese im Vorfeld mit Alkohol desinfizieren, um Krankheiten zu vermeiden
- eine durchsichtige Vase für eine Bewurzelung im Wasser oder ein Topf mit Abzugsloch für eine Bewurzelung in der Erde
- eine durchsichtige Glocke aus Glas oder Kunststoff (z. B. eine halbierte Flasche)

WELCHE PFLANZEN ZU WELCHEM ZEITPUNKT?

Kopfstecklinge lassen sich – abhängig von Pflanze und Jahreszeit – auf verschiedene Arten bewurzeln: in der Erde oder im Wasser. Folgende Pflanzen lassen sich auf beide Arten vermehren: Wachsblume, Gummibaum, Mosaikpflanze, Marante, Pachira, Purpurtute und Zebra-Ampelkraut. Man trennt ihnen einen Stängel ab, wenn sich die Pflanze in der Wachstumsphase befindet. Dies ist in der Regel zwischen Frühling und Herbstanfang der Fall. Manchmal bedeckt man sie mit einer durchsichtigen Glocke, um ein Gewächshaus nachzuahmen. Man spricht in diesem Fall von der „Stecklingsvermehrung unter Gewächshausbedingungen".

STECKLINGE SCHNEIDEN, VORBEREITEN UND EINPFLANZEN

Das Abtrennen des Stecklings funktioniert genau wie bei der Bewurzelung im Wasser: Wählen Sie einen gesunden Trieb aus, der über mindestens drei Blätter verfügt. Machen Sie den Sprossknoten des Stängels aus, der Ihr Steckling werden soll, und schneiden Sie mithilfe einer sauberen Gartenschere einen Trieb von ungefähr 15 cm Länge ab. Achten Sie dabei darauf, immer schräg abzuschneiden. Vergessen Sie auch nicht, alle Blätter bis auf zwei oder drei gut ausgebildete am oberen Ende des Triebs zu entfernen.

Bereiten Sie Ihren Topf mit Erde vor. Machen Sie ein Loch in der Mitte und stecken Sie Ihren Steckling hinein. Vorsichtig die Erde andrücken.

DIE RICHTIGE UMGEBUNG

Danach können Sie gießen und die Erde gut befeuchten. Um Gewächshausbedingungen für Ihren Steckling zu schaffen und ihm einen Feuchtigkeitsgehalt von 100 Prozent zu bieten, stülpen Sie eine Glasglocke oder die untere Hälfte einer Plastikflasche wie in einem Mini-Gewächshaus über Ihren Topf. Stellen Sie diesen dann an einen hellen und warmen Platz. Die ideale Temperatur liegt zwischen 20 und 24 °C. Gießen Sie, sobald die Erde an der Oberfläche trocken ist.

Nach einem bis eineinhalb Monaten sollten die ersten Wurzeln erscheinen. Jetzt können Sie die Glocke entfernen.

Absenker

Pflanzen- und Arbeitsmaterial

- eine Mutterpflanze
- Metallhaken
- ein Topf mit Abzugsloch, 8 bis 10 cm Durchmesser
- Blähton oder Kies, um eine gute Drainage sicherzustellen
- Erde, die an die jeweilige Pflanzenart angepasst ist (z. B. Grünpflanzenerde)

WELCHE PFLANZEN ZU WELCHEM ZEITPUNKT?

Diese Vermehrungstechnik wird vor allem für Kletter- und Hängepflanzen genutzt oder für solche, die Luftwurzeln bilden. Folgende Pflanzen lassen sich durch Absenken vermehren: Leuchterblume, Wachsblume und Philodendron. Vom Frühling bis Mitte Herbst ist die beste Zeit für Absenker, da sich die Pflanzen zu dieser Zeit in der Wachstumsphase befinden.

STECKLINGE SCHNEIDEN, VORBEREITEN UND EINPFLANZEN

Diese sehr einfache Technik besteht darin, einen Teil des Stängels in einem zweiten Topf mit Erde zu bedecken. Klammern oder kleine Steine halten den Stängel an Ort und Stelle, der zunächst nicht von der seiner Mutterpflanze abgetrennt wird. Die neue Pflanze entwickelt sich, ohne dass der Stängel abgeschnitten wird.

Wählen Sie hierfür einen biegsamen und gesunden Trieb aus, der bereits über erste Luftwurzeln verfügt. Die Erde, in die dieser Trieb eingegraben wird, muss reichhaltig und feucht sein. Drücken Sie die zukünftige Wurzel in die Erde. Befestigen Sie sie anschließend mit Pflanzenklammern, um ein Verrutschen zu verhindern.

Halten Sie die Erde immer schön feucht, bis sich nach etwa vier Wochen das Wurzelsystem entwickelt hat. Jetzt können Sie den Stängel von der Mutterpflanze abtrennen. Verwenden Sie dazu eine Gartenschere. Der Schnitt sollte ganz nah am Steckling erfolgen, damit der Habitus der Mutterpflanze erhalten bleibt. Gießen Sie die neue Pflanze auch danach fleißig weiter!

Ableger abtrennen

Pflanzen- und Arbeitsmaterial

- ein Ableger mit Wurzeln
- ein Topf mit Abzugsloch, der der Größe ihres Ablegers Rechnung trägt
- Blähton oder Kies, um eine gute Drainage sicherzustellen
- Anzuchterde

WAS IST EIN ABLEGER?

Ein Ableger ist ein neuer Trieb mit Blättern – sozusagen eine Minipflanze, die sich meist am Rand des Topfs oder, in der Natur, neben der Mutterpflanze entwickelt. Es ist möglich, ihn abzutrennen und eine neue, eigenständige Pflanze zu erhalten.

WELCHE PFLANZEN ZU WELCHEM ZEITPUNKT?

Die folgenden Pflanzen lassen sich durch Ableger vermehren: Riesenblättriges Pfeilblatt, Chinesischer Geldbaum, Bananenstaude, Monstera, Paradiesvogelblume und Aloe Vera. Vom Frühling bis Mitte Herbst ist die beste Zeit für die Abtrennung von Ablegern, da sich die Pflanzen zu dieser Zeit in der Wachstumsphase befinden.

ABLEGER ABTRENNEN UND EINPFLANZEN

Topfen Sie die gesamte Pflanze aus und entfernen Sie vorsichtig mit Ihren Händen die Erde, die den Ableger umgibt. Trennen Sie ihn ab und achten Sie darauf, so viele Wurzeln wie möglich zu behalten. Dies erhöht die Chance, dass der Ableger angeht. Anschließend pflanzen Sie ihn in einen Topf ein, den Sie zuvor mit Blähton und Anzuchterde gefüllt haben. Gießen Sie Ihren Ableger regelmäßig, damit die Erde feucht bleibt, und stellen Sie ihn in einen hellen und um die 18 bis 21 °C warmen Raum.

HINWEIS:

Nur Geduld! Es können drei bis vier Wochen vergehen, ehe sich ein neues Blatt öffnet und Sie den Beweis haben, dass Ihre Arbeit Früchte getragen hat!

KAPITEL 2

Pflanzen zum Genießen

Ocimum basilicum

Basilikum

GLEICHE TECHNIK *Salbei*

Frisch und aromatisch: Wenn ein Gewürz beim Kochen nicht fehlen darf, dann ist es Basilikum! Oft kommt er in Gerichten der mediterranen Küche zum Einsatz. Da er sich einfach vermehren lässt, wird er ihnen das ganze Jahr über Freude bereiten!

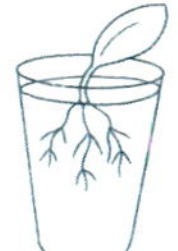

Familie: Lippenblütler (Lamiaceae)
Herkunft: Südostasien
Vermehrungsperiode: ganzjährig
VERMEHRUNG MIT KOPFSTECKLINGEN – BEWURZELUNG IM WASSER, DANN IN DER ERDE

Die richtige Pflanzenpflege

- **STANDORT**
Schattig. Vermeiden Sie direkte Sonneneinstrahlung (vor allem im Sommer), Wärmequellen, wie Heizkörper, Öfen oder Kamine, sowie Zugluft.
- **WASSERBEDARF**
In einem Topf trocknet die Erde viel schneller aus. Achten Sie darauf, sie schön feucht zu halten. Im Frühling und Sommer gießen Sie, abhängig von der Temperatur, zwei- bis dreimal die Woche. Vermeiden Sie es, die Blätter anzufeuchten, da dies Blattläuse und andere Parasiten anzieht.
- **UMTOPFEN**
Basilikum ist eine einjährige Pflanze. Ihr Lebenszyklus endet im Herbst.

1 Schneiden Sie mehrere ca. 8 bis 10 cm lange Stängel ab. Entfernen Sie die unteren Blätter und behalten Sie nur drei an der Spitze.

2 Stellen Sie Ihre Stecklinge in ein mit Wasser gefülltes Glasgefäß. Achten Sie darauf, die Blätter über Wasser zu halten.

3 Sobald sich zwei bis drei Wochen später die ersten Wurzeln bilden, sollten Sie die Stecklinge in einen Topf mit 10 cm Durchmesser einpflanzen (je drei Stecklinge zusammen), den Sie zuvor mit Blähton und Anzuchterde gefüllt haben. Stellen Sie den Topf in einen hellen, zwischen 12 und 20 °C warmen Raum oder, falls die Temperaturen es zulassen, auch nach draußen.

4 Achten Sie darauf, die Erde feucht zu halten.

Ihr Basilikum ist zur Ernte bereit, wenn er zahlreiche Blätter gebildet hat und etwa 10 bis 15 cm hoch geworden ist.

Coriandrum sativum

Koriander

Koriander gehört zu den Gewürzpflanzen, die am häufigsten angebaut werden. Sein kräftiges Aroma verleiht Salaten, Suppen und Soßengerichten das gewisse Etwas.

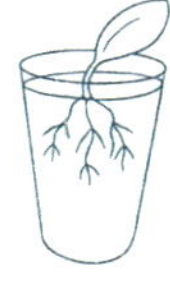

Familie: Doldenblütler (Apiaceae)
Herkunft: Asien
Vermehrungsperiode: Frühling bis Sommer, während der Wachstumsphase der Pflanze
VERMEHRUNG MIT KOPFSTECKLINGEN – BEWURZELUNG IM WASSER ODER IN DER ERDE

Die richtige Pflanzenpflege

- **STANDORT**
Schattig oder sonnig, allerdings abgeschirmt von der sengenden Sommersonne.
- **WASSERBEDARF / PFLEGE**
In einem Topf trocknet die Erde viel schneller aus. Achten Sie darauf, sie schön feucht zu halten.
  - Im Frühling und Sommer gießen Sie, abhängig von der Temperatur, regelmäßig zwei- bis dreimal die Woche. Vermeiden Sie es, die Blätter anzufeuchten, da dies Blattläuse und andere Parasiten anzieht. Um die Korianderblätter über längere Zeit ernten zu können, müssen Sie einige Blüten entfernen. Ein paar sollten Sie jedoch behalten, damit diese auswachsen und Samen bilden, die sie anschließend aussäen können.
  - Im Winter lassen Sie der Natur einfach ihren Lauf. Wenn es einige Wochen lang nicht regnet, sollten Sie allerdings ein wenig gießen.
- **UMTOPFEN**
Jedes Jahr im Frühling oder im Herbst in einen Topf mit Abzugsloch, der 2 bis 3 cm größer als der vorherige ist.

BEWURZELUNG IM WASSER

1. Schneiden Sie mehrere junge, ca. 8 cm große Triebe genau unterhalb des Sprossknotens ab. Entfernen Sie die unteren Blätter und behalten Sie nur vier oder fünf an der Triebspitze.

2. Stellen Sie Ihre Stecklinge in ein mit Wasser gefülltes Glasgefäß. Achten Sie darauf, die Blätter über Wasser zu halten.

3. Sobald sich drei bis vier Wochen später die ersten Wurzeln bilden, sollten Sie die Stecklinge in einen Topf mit 10 cm Durchmesser einpflanzen, den Sie zuvor mit Anzuchterde gefüllt haben – je drei Stecklinge zusammen. Stellen Sie den Topf in einen hellen, zwischen 12 und 20 °C warmen Raum.

4. Nach sechs Wochen sollten sich die ersten Wurzeln gebildet haben. Jetzt ist es an der Zeit, Ihre Stecklinge in Umtopferde zu pflanzen. Im kommenden Frühling pflanzen Sie sie dann ins Freiland um.

Dank der Bewurzelung im Wasser können Sie das Wurzelwachstum gut im Blick behalten.

BEWURZELUNG IN DER ERDE

1. Schneiden Sie mehrere junge, ca. 8 cm große Triebe genau unterhalb des Sprossknotens ab. Entfernen Sie die unteren Blätter und behalten Sie nur vier oder fünf an der Triebspitze.

2. Bereiten Sie einen Topf mit einem Durchmesser von 6 cm vor, indem Sie Blähton auf dem Boden verteilen und Anzuchterde hinzufügen. Machen Sie ein Loch in die Erde und pflanzen Sie Ihre Stecklinge ein.

3. Stellen Sie den Topf in einen hellen, zwischen 18 und 21 °C warmen Raum. Es dauert zwei bis vier Wochen, bis sich die Wurzeln entwickeln.

4. Jetzt ist es an der Zeit, die Stecklinge in einen 2 bis 3 cm größeren mit Umtopferde gefüllten Topf umzupflanzen. Im kommenden Frühjahr können Sie sie schließlich ins Freiland pflanzen.

Mit der Ernte können Sie nach sechs bis acht Wochen beginnen, wenn sich die Pflanze gut entwickelt und zahlreiche Blätter ausgebildet hat sowie 10 bis 15 cm hoch geworden ist.

Mentha

Frisch, frischer, Minze! Ihr anregender Duft belebt die Sinne.

Familie: Lippenblütler (Lamiaceae)
Herkunft: Europa
Vermehrungsperiode: Frühling, Sommer, während der Wachstumsphase der Pflanze.
BEWURZELUNG IM WASSER UND IN DER ERDE

Die richtige Pflanzenpflege

• **STANDORT**
Schattig oder sonnig, allerdings abgeschirmt von der sengenden Sommersonne.

• **WASSERBEDARF / SCHNITT**
In einem Topf trocknet die Erde viel schneller aus. Achten Sie darauf, sie schön feucht zu halten.

- Im Frühling und Sommer gießen Sie, abhängig von der Temperatur, regelmäßig zwei- bis dreimal die Woche. Vermeiden Sie es, die Blätter anzufeuchten, da dies Blattläuse und andere Parasiten anzieht. Beschneiden Sie die Pflanze nach der Blütezeit.
- Im Winter lassen Sie der Natur einfach ihren Lauf. Wenn es einige Wochen lang nicht regnet, sollten Sie allerdings ein wenig gießen.

• **UMTOPFEN**
Jedes Jahr im Frühling oder im Herbst in einen Topf, der 2 bis 3 cm größer als der vorherige ist.

BEWURZELUNG IM WASSER

1 Schneiden Sie mehrere junge, ca. 8 cm große Minze-Triebe genau unterhalb des Sprossknotens ab. Entfernen Sie die unteren Blätter und behalten Sie nur vier oder fünf an den Triebspitzen.

2 Stellen Sie Ihre Stecklinge in ein mit Wasser gefülltes Glasgefäß. Achten Sie darauf, die Blätter über Wasser zu halten.

3 Sobald sich drei bis vier Wochen später die ersten Wurzeln bilden, sollten Sie die Stecklinge in einen Topf mit 10 cm Durchmesser einpflanzen, den Sie zuvor mit Anzuchterde gefüllt haben. Stellen Sie den Topf in einen hellen, zwischen 12 und 20 °C warmen Raum.

4 Es dauert sechs Wochen, ehe sich die ersten Wurzeln bilden. Jetzt ist es an der Zeit, Ihre Stecklinge in Umtopferde zu pflanzen. Im kommenden Frühling pflanzen Sie sie dann ins Freiland um.

BEWURZELUNG IN DER ERDE

1 Schneiden Sie mehrere junge, ca. 8 cm große Triebe genau unterhalb des Sprossknotens ab. Entfernen Sie die unteren Blätter und behalten Sie nur vier oder fünf an den Triebspitzen.

2 Befüllen Sie einen Topf mit einem Durchmesser von 6 cm mit Anzuchterde. Machen Sie ein Loch in die Erde und pflanzen Sie alle Stecklinge ein. Stellen Sie den Topf in einen hellen, zwischen 18 und 21 °C warmen Raum.

3 Nach zwei bis vier Wochen sollten sich die ersten Wurzeln gebildet haben. Jetzt ist es an der Zeit, die Stecklinge in einen 2 bis 3 cm größeren, mit Umtopferde gefüllten Topf umzupflanzen (eine Pflanze pro Topf).

Salvia rosmarinus

Rosmarin

Rosmarin ist aus der Küche nicht wegzudenken! Er ist auch für seine wohltuende Wirkung bekannt: So ist er schlaffördernd und gut für die Verdauung.

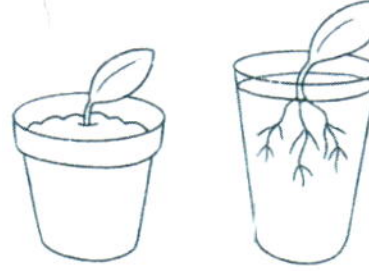

Familie: Lippenblütler (Lamiaceae)
Herkunft: Mittelmeerraum
Vermehrungsperiode: Frühling, Sommer, während der Wachstumsphase der Pflanze.
BEWURZELUNG IM WASSER UND IN DER ERDE

Die richtige Pflanzenpflege

• **STANDORT**
Sonnig, allerdings abgeschirmt von der sengenden Sommersonne, wenn Sie die Pflanze im Topf halten.

• **WASSERBEDARF**
In einem Topf trocknet die Erde viel schneller aus. Achten Sie darauf, sie schön feucht zu halten.
- Im Frühling und Sommer gießen Sie, abhängig von der Temperatur, zwei- bis dreimal die Woche.
- Im Winter lassen Sie der Natur einfach ihren Lauf. Wenn es einige Wochen lang nicht regnet, sollten Sie allerdings ein wenig gießen.

• **UMTOPFEN**
Jedes Jahr im Frühling oder im Herbst in einen Topf mit Abzugsloch, der 2 bis 3 cm größer als der vorherige ist.

BEWURZELUNG IM WASSER

1 Schneiden Sie mehrere junge, ca. 8 cm große Triebe genau unterhalb des Sprossknotens ab. Entfernen Sie die unteren Blätter und behalten Sie nur vier oder fünf an der Triebspitze.

2 Stellen Sie Ihre Stecklinge in ein mit Wasser gefülltes Glasgefäß. Achten Sie darauf, die Blätter über Wasser zu halten.

3 Sobald sich drei bis vier Wochen später die ersten Wurzeln bilden, sollten Sie die Stecklinge in einen Topf mit 10 cm Durchmesser einpflanzen, den Sie zuvor mit Anzuchterde gefüllt haben. Stellen Sie den Topf in einen hellen, zwischen 12 und 20 °C warmen Raum.

4 Im kommenden Frühling pflanzen Sie sie dann ins Freiland um.

BEWURZELUNG IN DER ERDE

1 Schneiden Sie mehrere junge, ca. 8 cm große Triebe genau unterhalb des Sprossknotens ab. Entfernen Sie die unteren Blätter und behalten Sie nur vier oder fünf an der Triebspitze.

2 Befüllen Sie einen Topf mit einem Durchmesser von 6 cm mit Anzuchterde. Machen Sie Löcher in die Erde und pflanzen Sie Ihre Stecklinge ein. Stellen Sie den Topf in einen hellen, zwischen 18 und 21 °C warmen Raum.

3 Nach zwei bis vier Wochen sollten sich die ersten Wurzeln gebildet haben. Jetzt ist es an der Zeit, die Stecklinge in einen 2 bis 3 cm größeren, mit Umtopferde gefüllten Topf umzupflanzen.

Thymus

Thymian

Ein Duft, der Ihr Balkonien in die Toskana verwandelt: Thymian. Er eignet sich nicht nur bestens zum Würzen von Fleisch- und Fischgerichten, sondern verleiht auch Suppen und Soßen eine besondere Note.

Familie: Lippenblütler (Lamiaceae)
Herkunft: Mittelmeerraum
Vermehrungsperiode: Frühling und Sommer, während der Wachstumsphase der Pflanze
BEWURZELUNG IN DER ERDE MIT ANZUCHTGLOCKE

Die richtige Pflanzenpflege

- **STANDORT**
Sonnig.
- **WASSERBEDARF / SCHNITT**
In einem Topf trocknet die Erde viel schneller aus. Achten Sie darauf, sie schön feucht zu halten.
  - Im Frühling und Sommer gießen Sie, abhängig von der Temperatur, zwei- bis dreimal die Woche. Vermeiden Sie es, die Blätter anzufeuchten, da dies Blattläuse und andere Parasiten anzieht. Beschneiden Sie die Pflanze nach der Blütezeit.
  - Im Winter lassen Sie der Natur einfach ihren Lauf. Wenn es einige Wochen lang nicht regnet, sollten Sie allerdings ein wenig gießen.
- **UMTOPFEN**
Jedes Jahr im Frühling oder im Herbst in einen Topf mit Abzugsloch, der 2 bis 3 cm größer als der vorherige ist.

1 Schneiden Sie mithilfe einer Gartenschere mehrere ca. 8 cm lange Triebe Ihres Thymians ab. Entfernen Sie die kleinen Blätter am unteren Ende der Stängel.

2 Befüllen Sie einen Topf mit Abzugsloch und 6 cm Durchmesser mit Anzuchterde. Machen Sie mehrere Löcher in die Erde und pflanzen Sie mindestens 3 Stecklinge ein. Stellen Sie den Topf auf einen Unterteller oder einen Behälter. Gießen Sie Wasser in den Behälter, damit Ihre Stecklinge das Wasser von unten aufnehmen können. So verhindern Sie, dass die Blätter feucht werden.

3 Stülpen Sie anschließend eine Glocke aus Glas oder Kunststoff über den Topf, um den Stecklingen eine warme und feuchte Umgebung zu schaffen – wie in einem Mini-Gewächshaus! Stellen Sie den Topf in einem konstant zwischen 18 und 21 °C warmen Raum an einen hellen Platz ohne direkte Sonneneinstrahlung.

4 Nach etwa zehn Tagen sollte sich das Wurzelsystem ausgebildet haben. Nun können Sie die Glocke entfernen und den Thymian in den Garten oder einen größeren Topf pflanzen.

Sobald sich der Thymian etwas ausgebreitet und eine Größe von ca. 10 cm erreicht hat, können Sie mit der Ernte beginnen.

Ananas comosus

Ananas

Werfen sie den Blattschopf einer Ananas nicht weg. Aus ihm lässt sich ganz einfach eine neue Pflanze züchten!

Familie: Bromeliengewächse (Bromeliaceae)
Ursprung: Brasilien
Vermehrungsperiode: Frühling, Sommer
VERMEHRUNG MIT PFLANZENRESTEN – BEWURZELUNG IM WASSER

Die richtige Pflanzenpflege

- **STANDORT**
Hell, ohne direkte Sonneneinstrahlung. Nicht in der Nähe von Wärmequellen, wie, Heizkörper, Öfen oder Kamine, aufstellen.
- **WASSERBEDARF**
Die Erde muss feucht gehalten werden.
  - Gießen Sie sie im Sommer 2- bis 3-mal pro Woche.
  - Im Winter ist einmal pro Woche ausreichend, achten Sie jedoch darauf, dass die Erde zwischendurch nicht zu trocken wird. Stellen Sie den Topf auf einen mit angefeuchtetem Blähton gefüllten Unterteller, um einen guten Feuchtigkeitsgehalt zu gewährleisten.
- **UMTOPFEN**
Diese Pflanze bildet nur wenige Wurzeln aus. Sie müssen Sie daher nicht systematisch jedes Jahr umtopfen. Die Gelegenheit zum Umtopfen bietet sich beispielsweise, wenn Sie Ableger abtrennen.

1 Schneiden Sie den oberen Teil mit einem sauberen, scharfen Messer 2 bis 3 cm unterhalb der Blätter ab.

2 Stellen Sie den Blattschopf in ein Glas Wasser. Das Fruchtfleisch sollte dabei ins Wasser eingetaucht sein. Die Blätter bleiben an der Luft, da Ihr Steckling sonst faulen würde. Stellen Sie ihn an einen hellen Ort in einem konstant zwischen 18 und 21 °C warmen Raum. Wechseln Sie regelmäßig, einmal pro Woche, das Wasser.

3 Nach vier bis sechs Wochen sollten sich die ersten Wurzeln gebildet haben.

4 Wenn diese 2 bis 3 cm lang sind, können Sie Ihren Steckling in einen mit Bromelienerde gefüllten Topf pflanzen, dessen Umfang sich nach der Größe Ihres Stecklings richten sollte.

Neue Früchte werden Sie allerdings kaum erhalten: In nicht-tropischen Regionen wachsen diese fast ausschließlich in Gewächshäusern.

Schneiden Sie den Schopf Ihrer Ananas 2 bis 3 cm unterhalb der Blätter ab.

Persea americana

Avocado-baum

Obwohl Avocados nur im warmen Mittelmeerraum wachsen, lässt sich der Kern ganz leicht zum Keimen bringen. Die neue Pflanze, die so entsteht, wird in jeder Wohnung zum wahren Hingucker.

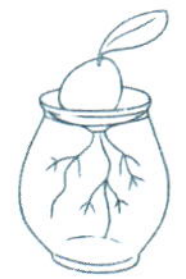

Familie: Lorbeergewächse (Lauraceae)
Herkunft: Mittelamerika
Vermehrungsperiode: ganzjährig
BEWURZELUNG AUSSCHLIEßLICH IM WASSER MIT KERNEN

Die richtige Pflanzenpflege

- **STANDORT**
Hell und trocken, ohne direkte Sonneneinstrahlung.
- **WASSERBEDARF**
Achten Sie darauf, die Erde feucht zu halten:
  - Gießen Sie etwa ein- bis zweimal pro Woche im Winter,
  - zwei- bis dreimal pro Woche in der warmen Jahreszeit.
- **UMTOPFEN**
Alle zwei bis drei Jahre im Frühling.

1 Entfernen Sie den Kern einer Avocado. Weichen Sie ihn 30 Minuten in warmem Wasser ein und lassen Sie ihn dann drei Tage lang trocknen.

2 Stellen Sie ein Schälchen mit einem großen Loch auf ein mit Wasser gefülltes Glas und legen Sie den Kern darauf. Seine Spitze muss dabei nach oben zeigen und seine Unterseite ins Wasser eingetaucht sein. Falls Sie kein Schälchen dieser Art besitzen, stecken Sie einfach 3 Zahnstocher in den Kern, um ihn über Wasser zu halten. Stellen Sie den Kern nun in einen hellen Raum ohne direkte Sonneneinstrahlung und wechseln Sie einmal pro Woche das Wasser.

3 Nach zwei bis drei Wochen können Sie sehen, wie der Kern aufplatzt, die ersten Wurzeln und schließlich ein Stängel wachsen. Jetzt können Sie Ihren Steckling einpflanzen. Verwenden Sie einen Topf mit ca. 10 cm Durchmesser. Befüllen Sie diesen mit Anzuchterde. Machen Sie ein Loch in die Erde und legen Sie vorsichtig Ihren Steckling hinein, ohne dabei die Wurzeln zu beschädigen. Dann bedecken Sie sie mit Erde und drücken diese vorsichtig an.

4 Gießen Sie regelmäßig, um die Erde feucht zu halten, und achten Sie auf Anzeichen, die auf eine gute Entwicklung hindeuten: neue Blätter und einen wachsenden Stängel.

Wenn Sie im sonnigen Süden leben, dürfen Sie nach etwa vier Jahren sogar Früchte erwarten.

Musa

Bananen-staude

GLEICHE TECHNIK
Paradiesvogelblume

Die richtige Pflanzenpflege

• STANDORT
Hell, ohne direkte Sonneneinstrahlung, zwischen 18 und 22 °C.

• WASSERBEDARF
Besprühen Sie die Blätter jeden Tag mit weichem Wasser.
- Im Frühling und Sommer gießen Sie zweimal pro Woche. Zwischendurch lassen Sie die Oberfläche trocknen.
- Im Winter gießen Sie seltener und lassen die Oberfläche auf 2 bis 3 cm trocknen, bevor Sie erneut gießen. Stellen Sie Ihre Pflanze nicht in die Nähe von Wärmequellen, wie Heizkörper, Ofen oder Kamin, da dies die Blätter austrocknet.

• NÄHRSTOFFZUFUHR
Geben Sie Ihrer Pflanze von Ende März bis Ende September alle zwei Wochen Flüssigdünger für Grünpflanzen.

• UMTOPFEN
Alle zwei bis drei Jahre im Frühling.

Der Genuss vieler Früchte lässt uns von fernen Ländern träumen und die Banane macht da keine Ausnahme. Die Besonderheit der Bananenpflanze ist, dass sie keinen Stamm hat – denn sie ist kein Baum, sondern eine Staude. Diese Verfügen über Rhizome, das sind unterirdisch verlaufende Triebe, die Wurzeln bilden.

Familie: Bananengewächse (Musaceae)
Herkunft: Antillen, Asien, Australien
Vermehrungsperiode: Frühling, Sommer – die Wärme hilft beim Angehen der Stecklinge.
VERMEHRUNG MIT ABLEGERN – BEWURZELUNG IN DER ERDE

1 Entfernen Sie vorsichtig mit Ihren Händen die Erde, die die Ableger umgibt. Diese entwickeln sich meistens am Fuß einer Mutterpflanze.

2 Trennen Sie anschließend Ableger mit mindestens vier bis fünf Blättern ab. Achten Sie darauf, ein Rhizom zu erhalten. So haben Sie bessere Chancen, dass Ihre Ableger angehen. Entfernen Sie die unteren Blätter, damit nur die jüngsten Blätter verbleiben.

3 Geben Sie jeden Ableger in einen eigenen Topf, dessen Boden Sie zuvor mit Blähton bedeckt und anschließend mit Anzuchterde aufgefüllt haben. Stellen Sie Ihre Ableger in einen hellen, 20 °C warmen Raum.

4 Gießen Sie regelmäßig, um die Erde immer leicht feucht zu halten.

5 Sobald Sie sehen, dass sich ein neues Blatt entwickelt hat, wissen Sie, dass Ihr Ableger angegangen ist.

Citrus x limon

Zitronen-baum

GLEICHE TECHNIK

Kumquat
Mandarinenbaum
Grapefruitbaum

Mittelmeerfeeling im heimischen Garten: Die Kerne ihrer Zitronen – ob grün, orange oder gelb – können zum Keimen gebracht werden und Ihnen die schönsten Bäume bescheren.

Familie: Rautengewächse (Rutaceae)
Herkunft: Südostasien
Keimung: ganzjährig
KEIMUNG DER KERNE IN FEUCHTER UMGEBUNG

1 Um Ihre Erfolgschancen zu erhöhen, sollten Sie mit ungefähr zehn Kernen arbeiten. Weichen Sie diese 24 Stunden lang in Wasser ein, um sie von allen Rückständen zu befreien – es sollte kein Fruchtfleisch mehr an ihnen haften.

2 Wickeln Sie sie in zwei Stücke Watte ein, die Sie zuvor mit lauwarmem Wasser befeuchtet haben. Geben Sie Kerne und Watte in einen luftdicht verschließbaren Beutel und bewahren Sie diesen zwei bis drei Wochen in einem warmen Raum auf.

3 Sobald die Kerne gekeimt haben, geben Sie jeden davon in ein Schälchen mit Loch, das Sie anschließend auf einen mit Wasser gefüllten Behälter stellen. Die Keime sollten das Wasser erreichen, ohne komplett davon bedeckt zu sein. Nun heißt es abwarten und den Keimen beim Wachsen zusehen!

4 Sobald die Stängel etwa 15 cm erreicht und zwei oder drei Blätter gebildet haben, ist es an der Zeit, sie in die Erde einzupflanzen. Bereiten Sie Töpfe mit Abzugsloch und 10 cm Durchmesser vor, deren Böden Sie mit Blähton belegen und die Sie anschließend mit Anzuchterde auffüllen. Pflanzen Sie Ihre Triebe vorsichtig ein, ohne die Wurzeln zu beschädigen. Stellen Sie die Töpfe an einen sonnigen Platz und halten Sie die Erde feucht.

In sieben bis acht Jahren können Sie die ersten Früchte Ihrer Zitronenbäume erwarten.

Die richtige Pflanzenpflege

- **STANDORT**
Sonnig. Sonnenlicht ist sehr wichtig, da es einen positiven Einfluss auf die Blütenbildung und somit die Bildung von Zitronen hat. Ein Zitronenbaum ist frostempfindlich. Im Winter sollten Sie ihn daher in einen Wintergarten oder einen kühlen Raum (5 bis 10 °C) stellen.
- **WASSERBEDARF**
  - Gießen Sie im Frühling und Sommer regelmäßig zwei- bis dreimal die Woche. An besonders heißen Tagen gießen Sie etwas öfter.
  - Im Winter lassen Sie die Erde an der Oberfläche trocknen und gießen nur ungefähr alle zehn Tage.
- **NÄHRSTOFFZUFUHR**
Geben Sie Ihrer Pflanze von April bis Ende September jeden Monat Zitruspflanzendünger.
- **UMTOPFEN**
Im Frühling, alle drei Jahre, mit Zitruserde.

Mangifera indica

Mangobaum

Dieser exotische Baum, dessen Früchte ebenso köstlich wie vitaminreich sind, kann in warmen Regionen direkt ins Freiland gepflanzt werden. In kühleren Gefilden gedeiht er besser als Topfpflanze und sollte im Winter nach drinnen geholt werden, um ihn vor der Kälte zu schützen.

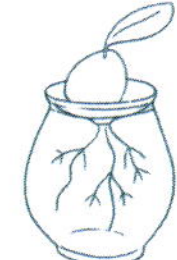

Familie Sumachgewächse (Anacardiaceae)
Herkunft: Indien, Myanmar
Vermehrungsperiode: ganzjährig
BEWURZELUNG MIT FEUCHTIGKEIT UND ANZUCHTGLOCKE, DANN IN DER ERDE

Die richtige Pflanzenpflege

- **STANDORT**
Sonnig, allerdings abgeschirmt von der sengenden Sommersonne.
- **WASSERBEDARF**
Achten Sie darauf, die Erde feucht zu halten: Gießen Sie etwa ein- bis zweimal pro Woche im Winter, zwei- bis dreimal pro Woche in der warmen Jahreszeit.
Stellen Sie die Pflanze nicht in die Nähe von Wärmequellen, wie Heizkörper, Öfen oder Kamine, und stellen Sie den Topf auf einen Unterteller mit befeuchtetem Blähton. Die Verdunstung befeuchtet so die Umgebungsluft. Besprühen Sie die Blätter mehrmals in der Woche, am besten mit Regenwasser.
- **UMTOPFEN**
Alle zwei bis drei Jahre im Frühling.

1 Entfernen Sie den Kern einer Mango. Lassen Sie ihn einige Tage trocknen. Sobald die Fruchtfleischreste trocken sind, können Sie vorsichtig den Samen aus dem Inneren des Kerns herausholen. Achten Sie darauf, dass der Samen gesund ist und keine Anzeichen von Schimmel aufweist.

2 Legen Sie eine Schüssel mit Watte aus, legen Sie den Samen darauf und ein weiteres Stück Watte darüber, um den Samen vor Licht zu schützen. Befeuchten Sie die Watte. Stülpen Sie eine Glocke aus Glas oder Kunststoff darüber, um Gewächshausbedingungen zu schaffen.

3 Stellen Sie Ihren Keimling für ungefähr zwei Wochen in einen dunklen Raum bei 18 bis 20 °C. Heben Sie jeden Tag für einige Minuten die Glocke ab, damit die Luft zirkulieren kann.

4 Sobald der Samen Keime aufweist – nach etwa zwei Wochen sollte dies der Fall sein –, ist es an der Zeit, ihn in die Erde einzupflanzen. Bereiten Sie einen Topf mit ca. 12 cm Durchmesser vor. Befüllen Sie diesen mit Anzuchterde. Legen Sie den Samen auf die Erde und bedecken Sie den Keim vorsichtig mit Erde. Graben Sie nicht den Samen mit dem Keim komplett ein, da sich Ihr Mangobaum ansonsten langsamer entwickelt.

5 Gießen Sie regelmäßig, um die Erde feucht zu halten, und achten Sie auf Anzeichen, die auf eine gute Entwicklung hindeuten, wie einen wachsenden Stängel und neue Blätter. Dies sollte etwa zwei Wochen dauern.

25 Tage später können Sie Ihre Pflanze umtopfen.

Corylus avellana

Haselnussstrauch

Der Haselnussstrauch gilt als Symbol für Weisheit und Gerechtigkeit. Er ist fast überall zu finden. Seine Nüsse haben zahlreiche wohltuende Eigenschaften: Sie stimulieren unser Immunsystem, sagen schlechten Cholesterinwerten den Kampf an und wirken positiv gegen Müdigkeit und Stress.

Familie: Birkengewächse (Betulaceae)
Herkunft: gemäßigte Regionen der nördlichen Hemisphäre
Vermehrungsperiode: September
BEWURZELUNG IN DER ERDE

Die richtige Pflanzenpflege

- **STANDORT**
Sonnig, allerdings abgeschirmt von Wind und sengender Sommersonne.
- **WASSERBEDARF**
Achten Sie darauf, die Erde feucht zu halten:
  - Gießen Sie ein- bis zweimal pro Woche, selbst in der heißen Jahreszeit.
  - Im Winter lassen Sie der Natur einfach ihren Lauf. Gießen Sie nur, wenn es einige Wochen am Stück nicht regnet.
- **ANPFLANZUNG**
Im Herbst. Pflanzen Sie mehrere auf einmal, um die Bestäubung zu fördern. Haselnusssträucher können drei bis vier Jahre lang in Töpfen bleiben, sollten dann aber ins Freiland gepflanzt werden.

1. Pflücken Sie Haselnüsse direkt vom Strauch. Sie sollten mehrere pflanzen, um ihre Erfolgsaussichten zu steigern. Wählen Sie zudem zwei verschiedene Sorten aus, um die Befruchtung zu fördern. Heben Sie die Schalen auf.

2. Bereiten Sie Töpfe mit etwa 6 cm Durchmesser vor und legen Sie die Böden mit Blähton aus. Dann füllen Sie sie mit Anzuchterde auf. Drücken Sie die Haselnüsse zur Hälfte in die Erde und bedecken Sie die Oberfläche mit Kies. Stellen Sie Ihre Töpfe nach draußen unter einen nicht beheizten Unterstand.

3. Gießen Sie sie regelmäßig, um die Erde leicht feucht zu halten. Beachten Sie jedoch, dass zu viel Wasser eine Fäulnis der Haselnüsse zur Folge haben kann.

4. Im Frühjahr beginnen die Haselnüsse schließlich zu keimen.

Drei bis vier Jahre später können Sie Ihre ersten Haselnüsse ernten.

Olea europea

Olivenbaum

Sonne, Wärme, Frieden und Stärke: Der Olivenbaum und seine Ranken stehen seit jeher hoch in der Gunst der Menschen. Er eignet sich bestens, um Balkonen und Terrassen das gewisse Etwas zu verleihen.

Familie: Ölbaumgewächse (Oleaceae)
Herkunft: Mittelmeerregion
Vermehrungsperiode: Sommer
VERMEHRUNG MIT ZWEIGEN – BEWURZELUNG IN DER ERDE

Die richtige Pflanzenpflege

• STANDORT
Hell, ohne direkte Sonneneinstrahlung. Im Winter mit einem Wintervlies vor Frost schützen.

• WASSERBEDARF / SCHNITT
- Im Frühling und Sommer gießen Sie, abhängig von der Temperatur, regelmäßig zwei- bis dreimal die Woche.
- Im Winter lassen Sie der Natur einfach ihren Lauf. Wenn es einige Wochen lang nicht regnet, sollten Sie allerdings ein wenig gießen.
- Schneiden Sie am Ende des Winters und zu Beginn des Frühlings die Zweige ab, die am Fuß des Stamms oder am Stamm selbst gewachsen sind. Ebenso sollten Sie die Zweige entfernen, die in Richtung Boden oder nach innen wachsen.

• UMTOPFEN
Im Frühling, alle zwei bis drei Jahre, in mediterrane Pflanzenerde.

1 Schneiden Sie einen diesjährigen Trieb von etwa 15 cm Länge ab. Er sollte jung und biegsam sein, seine Basis sollte jedoch bereits anfangen zu verholzen. Schneiden Sie ihn direkt unterhalb eines Knotens ab. Entfernen Sie dann alle Blätter bis auf 5 oder 6 am oberen Ende. Entfernen Sie mithilfe eines scharfen Messers auf 2 bis 3 cm Länge ein Stück Rinde am unteren Ende des Zweigs.

2 Befüllen Sie einen Topf mit Anzuchterde, machen Sie ein Loch und pflanzen Sie Ihren Zweig hinein. Drücken Sie vorsichtig die Erde um den Zweig herum an. Gießen Sie ausgiebig, um die Erde gut zu befeuchten. Stülpen Sie eine Glocke aus Glas oder Kunststoff über den Topf, um Gewächshausbedingungen zu schaffen.

3 Stellen Sie den Topf dann an einen hellen und warmen Platz – 18 bis 21 °C sind perfekt – und gießen Sie, sobald die Erde an der Oberfläche trocken ist.

4 Es dauert ungefähr acht Wochen, ehe sich die ersten Wurzeln bilden. Jetzt können Sie die Glocke entfernen und Ihre Pflanze bis zum kommenden Frühjahr im Topf heranwachsen lassen.

5 Dann können Sie Ihren kleinen Olivenbaum entweder umtopfen oder mit mediterraner Pflanzenerde ins Freiland pflanzen.

Citrus sinensis

Orangenbaum

Wenn Sie in warmen Gefilden leben, können Sie Ihren Orangenbaum draußen pflanzen. Andernorts sollten sie ihn lieber im Topf halten und ihn in der kalten Zeit drinnen überwintern lassen.

Familie: Rautengewächse (Rutaceae)
Herkunft: Asien
Keimung: ganzjährig
KEIMUNG DER KERNE IN FEUCHTER UMGEBUNG

Die richtige Pflanzenpflege

- **STANDORT**
Sonnig. Sonnenlicht ist sehr wichtig, da es einen positiven Einfluss auf die Blütenbildung und somit die Bildung der Orangen hat. Orangenbäume sind frostempfindlich. Die kalte Jahreszeit sollten sie daher in einem Wintergarten oder einem kühlen Raum (5 bis 10 °C) verbringen.
- **WASSERBEDARF**
  - Im Frühling und Sommer gießen Sie 2- bis 3-mal die Woche. Wenn es besonders heiß ist, gießen Sie etwas öfter.
  - Im Winter lassen Sie die Erde an der Oberfläche trocknen und gießen nur ungefähr alle zehn Tage.
- **NÄHRSTOFFZUFUHR**
Geben Sie Ihrer Pflanze von April bis Ende September jeden Monat Zitruspflanzendünger.
- **UMTOPFEN**
Alle drei Jahre im Frühling mit Zitruserde.

1 Um Ihre Erfolgschancen zu erhöhen, sollten Sie mit etwa zehn Kernen arbeiten. Weichen Sie diese 24 Stunden lang in Wasser ein, um sie von allen Rückständen zu befreien.

2 Bereiten Sie Töpfe mit 10 cm Durchmesser vor, deren Böden Sie mit Blähton belegen und die Sie anschließend mit Anzuchterde auffüllen. Gießen Sie die Erde und pflanzen Sie in jeden Topf drei Kerne in ca. 1 cm Tiefe ein. Stülpen Sie eine Glocke aus Glas oder Kunststoff über den Topf, um Gewächshausbedingungen zu schaffen und die Keimung anzuregen.

3 Stellen Sie den Topf in einen hellen, zwischen 18 und 21 °C warmen Raum ohne direkte Sonneneinstrahlung. Halten Sie die Erde feucht. Nach zwei bis vier Wochen sollten sich die ersten Triebe gebildet haben.

4 Sobald die Triebe 5 bis 10 cm gewachsen sind und zwei bis drei Blätter besitzen, können Sie die Glocke entfernen und jedes Pflänzchen in seinen eigenen Topf umtopfen. Stellen Sie die Töpfe an einen hellen Ort und gießen Sie weiter.

In sieben bis acht Jahren können Sie dann die ersten Früchte Ihrer Orangenbäume erwarten.

Malus

Apfelbaum

Im Garten oder auf dem Balkon: Ein Apfelbaum macht sich überall gut. Ein kleiner Kern reicht, um sich ein Exemplar zu ziehen!

Familie: Rosengewächse (Rosaceae)
Herkunft: Vorderasien
Keimung: ganzjährig
KEIMUNG DER KERNE IN FEUCHTER UMGEBUNG

Die richtige Pflanzenpflege

• **STANDORT**
Sonnig. Sonnenlicht ist sehr wichtig, da es einen positiven Einfluss auf die Blütenbildung und somit die Bildung der Äpfel hat.

• **WASSERBEDARF**
Gießen Sie Ihren Apfelbaum regelmäßig, vor allem in den ersten beiden Jahren nach dem Einpflanzen. Es ist möglich, ihn auf einer Terrasse oder einem Balkon im Topf zu halten. Dort muss er allerdings in der Wachstumsphase von Ende März bis Ende September regelmäßig gegossen werden.

• **UMTOPFEN**
Alle drei Jahre im Frühling oder im Herbst in einen Topf, der 3 bis 4 cm größer als der vorherige ist. Verwenden Sie Umtopferde und legen Sie den Boden des Topfs mit Blähton aus, um eine gute Drainage zu gewährleisten.

1 Um Ihre Erfolgschancen zu erhöhen, sollten Sie mit etwa zehn Kernen arbeiten. Waschen Sie diese mit Wasser ab, um etwaige Rückstände zu entfernen und Fäulnis vorzubeugen.

2 Befeuchten Sie Watte mit lauwarmem Wasser, wickeln Sie die Kerne darin ein und legen Sie sie in einen kleinen Behälter. Stellen Sie diesen für ungefähr vier Wochen in den Kühlschrank. Die Kerne benötigen die Kälte zum Keimen. In der Natur findet diese Phase im Winter statt. Achten Sie darauf, die Watte die gesamte Zeit über feucht zu halten.

3 Bereiten Sie einen Topf mit Abzugsloch und 7 bis 8 cm Durchmesser vor, dessen Boden Sie mit Blähton belegen und den Sie anschließend mit Anzuchterde auffüllen. Um einen gekeimten Kern unbeschadet von der Watte in den Topf zu bekommen, bietet sich eine kleine Pinzette an. Bedecken Sie den Kern vorsichtig mit Erde und stellen Sie den Topf dann an einen sonnigen Platz. Halten Sie die Erde feucht.

4 Nach sechs bis acht Wochen ist Ihr Apfelbäumchen bereits ca. 30 cm hoch und somit groß genug, ins Freiland gepflanzt zu werden. Allerdings sollten Sie damit bis zum Herbst warten.

Bevor Sie Ihre ersten Äpfel ernten können, brauchen Sie jedoch etwas Geduld: Die ersten Früchte bilden sich nach etwa zehn Jahren.

Daucus carota

Karotte

Karotten lassen sich nicht durch Stecklinge vermehren. Allerdings ist es möglich, das Karottengrün nachwachsen zu lassen. Und das lässt sich bestens zu Soße verarbeiten. Um doch noch Karotten zu ernten, lassen Sie das Grün blühen und Samen bilden, die sie anschließend aussäen.

Familie: Doldenblütler (Apiaceae)
Herkunft: Afghanistan
Vermehrungsperiode: Frühling, Sommer
BEWURZELUNG IM WASSER ZUM NACHWACHSEN DES GRÜNS

Die richtige Pflanzenpflege

• **AUSSAAT**
Von März bis Juli.

• **WASSERBEDARF**
Regelmäßig, aber wenig. Wenn es sehr trocken ist, muss mehr gewässert werden.

1. Schneiden Sie die Karotte etwa 5 cm unterhalb des Kopfes ab und entfernen Sie die Blätter.

2. Stellen Sie den Abschnitt mit der orangen Seite in Wasser. Stellen Sie das Gefäß in einem konstant zwischen 18 und 21 °C warmen Raum an einen hellen Platz.

3. Schon einige Tage später fängt das Grün an zu wachsen.

4. Sobald das Karottengrün eine Länge von 10 bis 15 cm erreicht hat, können Sie es abschneiden und zum Kochen verwenden.

SO ERHALTEN SIE KAROTTENSAMEN

1. Wenn das Grün ungefähr 10 cm hoch ist, pflanzen Sie die Karotte in den Garten an einem sonnigen Platz ein. Graben Sie den orangen Teil nicht zu tief ein.

2. Gießen Sie regelmäßig, um die Erde feucht zu halten.

Bald schon werden sich Wurzeln bilden. Das Grün wächst weiter und wird schließlich blühen. Jetzt können Sie die Samen ernten und aussäen, um Karotten zu erhalten.

Ipomoea batatas

Süßkartoffel

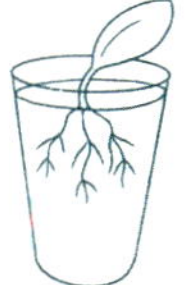

Nichts wärmt das Herz so sehr, wie eine leckere Süsskartoffelsuppe! Süsskartoffeln lassen sich ganz einfach vermehren, für Anbau und Ernte ist jedoch ein Gemüsegarten vonnöten.

Familie: Windengewächse (Convolvulaceae)
Herkunft: Südamerika
Vermehrungsperiode: Spätwinter
KEIMUNG IM WASSER

Die richtige Pflanzenpflege

- **ANPFLANZUNG**
Im Frühling, genauer gesagt von April bis Mai, ist die beste Zeit, um Ihre Stecklinge ins Gemüsebeet zu pflanzen. Häufen Sie dazu kleine Erdhügel auf und setzen Sie Ihre Pflänzchen in 30 cm Abstand voneinander. Die Reihen sollten in einem Abstand von einem Meter angelegt werden.
- **STANDORT**
Sonnig.
- **WASSERBEDARF**
Gießen Sie nach dem Anpflanzen von oben und anschließend regelmäßig, um die Erde feucht zu halten. Die Süßkartoffel reagiert empfindlich auf Trockenheit.

1 Stechen Sie drei Zahnstocher in eine Süßkartoffel, um sie auf einem mit Wasser gefüllten Glas zu halten, wobei die untere Hälfte der Knolle ins Wasser eingetaucht ist. Stellen Sie die Kartoffel in einen hellen, 20 °C warmen Raum ohne direkte Sonneneinstrahlung. Wechseln Sie einmal pro Woche das Wasser. Es dauert ein paar Wochen, bevor sich die Wurzeln bilden und die ersten Stängel zu wachsen beginnen.

2 Sobald die Stängel fünf bis sechs Blätter gebildet haben und mindestens 10 cm lang sind, können Sie sie abschneiden. 10 cm lange Stängel schneiden Sie direkt an der Kartoffel ab. Stängel, die länger als 10 cm sind, schneiden Sie nach dem untersten Blatt ab.

3 Stellen Sie diese Ausläufer anschließend in eine zur Hälfte mit Wasser befüllte Vase. Diese stellen Sie dann in einen konstant zwischen 18 und 20 °C warmen Raum in die Nähe eines Fensters. Behalten Sie den Wasserstand im Auge und füllen Sie regelmäßig Wasser nach.

4 Etwa zehn Tage später sollten sich kleine weiße Wurzeln entwickeln. Jetzt ist es an der Zeit, Ihre Stecklinge einzupflanzen. Verwenden Sie einen Topf mit ca. 10 cm Durchmesser. Befüllen Sie diesen mit Anzuchterde. Machen Sie ein Loch in die Erde und setzen Sie vorsichtig einen Steckling hinein, ohne dabei die Wurzeln zu beschädigen. Dann bedecken Sie ihn mit Erde und drücken diese vorsichtig an.

5 Gießen Sie regelmäßig, um die Erde feucht zu halten, und achten Sie auf Anzeichen, die auf eine gute Entwicklung hindeuten, wie neue Blätter und ein wachsender Stängel.

Eine Ernte ist im September möglich, wenn die Blätter zu welken beginnen.

Allium porrum

Lauch

Werfen sie nie wieder ihre Lauchreste weg! Denn Lauch gehört zu den Gemüsesorten, die immer wieder nachwachsen.

Familie: Liliengewächse (Liliaceae)
Herkunft: Mittlerer Osten
Vermehrungsperiode: ganzjährig
VERMEHRUNG MIT PFLANZENRESTEN – BEWURZELUNG IM WASSER

Die richtige Pflanzenpflege

Abgesehen von den hier genannten Ratschlägen ist keine besondere Pflege nötig. Sie können den Lauch so lange im Wasser lassen, wie Sie wollen. Nach ungefähr drei Wochen haben Sie eine vollständige Lauchstange, die Sie zu einem leckeren Gericht verarbeiten können. Sie können Sie etwa 5 cm über der Wurzel abschneiden und die Wurzeln dann wieder ins Wasser stellen. Der Lauch wächst immer wieder nach!

1. Schneiden Sie den Lauch 5 cm oberhalb seiner Wurzeln ab. Stellen Sie die Wurzeln in ein Glas, das Sie zuvor mit Wasser (Zimmertemperatur) gefüllt haben.

2. Stellen Sie das Glas in einen konstant zwischen 18 und 21 °C warmen Raum an einen hellen Platz.

3. Wechseln Sie ungefähr alle zwei Tage das Wasser, um Wurzelfäulnis zu verhindern.

4. Schon nach drei bis vier Tagen werden Sie feststellen, dass der Lauch nachwächst. Eine Woche später entwickeln sich seine grünen Blätter. Schneiden Sie sie ganz nach Belieben ab, um leckere Gerichte zu zaubern!

Lactuca sativa

Salat

Ein wenig Wasser und ein bisschen Geduld ist alles, was Sie brauchen, um Salat zu vermehren!

Familie: Korbblütler (Asteraceae)
Herkunft: Mittlerer Osten
Vermehrungsperiode: ganzjährig
VERMEHRUNG MIT PFLANZENRESTEN – KEIMUNG IM WASSER

Die richtige Pflanzenpflege

Abgesehen von den hier genannten Ratschlägen ist keine besondere Pflege nötig.

1. Schneiden Sie den Salat am Strunk ab, wobei ein paar Blätter in der Mitte erhalten bleiben. Stellen Sie diese in ein Glas, das Sie zuvor mit Wasser (Zimmertemperatur) gefüllt haben. Stellen Sie das Glas in einem konstant zwischen 18 und 21 °C warmen Raum an einen hellen Platz.

2. Wechseln Sie ungefähr alle zwei Tage das Wasser, um Wurzelfäulnis zu verhindern.

3. Nach vier bis fünf Tagen wachsen die ersten neuen Blätter. Bis der Salat üppig nachgewachsen ist und Sie ihn ernten können, müssen Sie drei Wochen warten.

4. Schneiden Sie ihn erneut am Strunk ab und lassen Sie ihn wieder und immer wieder nachwachsen!

KAPITEL 3

Pflanzen zum Bestaunen

Schamblume
Geigenfeige
Punktblume
Kletter-Philodendron

Ficus elastica

Gummibaum

Ein Baum im Haus? Ja, das geht! Mit dem Gummibaum: Er kann bis zu 4 Meter hoch werden.

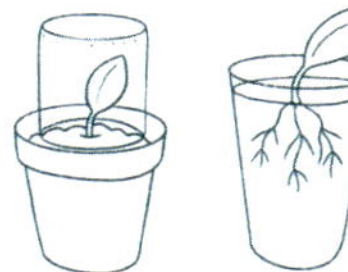

Familie: Maulbeergewächse (Moraceae)
Herkunft: Indien
Vermehrungsperiode: Frühling, Sommer
VERMEHRUNG MIT KOPFSTECKLINGEN – BEWURZELUNG IN DER ERDE MIT ANZUCHTGLOCKE ODER IM WASSER

Die richtige Pflanzenpflege

• STANDORT
Passt sich nahezu an alle Bedingungen an, ob im Halbschatten oder an einem hellen Platz, allerdings nicht in direkter Sonneneinstrahlung.

• WASSERBEDARF
- Im Frühling und Sommer zweimal pro Woche. Die Erde sollte an der Oberfläche auf 2 bis 3 cm trocknen. Besprühen Sie seine Blätter in dieser Zeit alle zwei bis drei Tage.
- Im Winter gießen Sie einmal pro Woche.

• UMTOPFEN
Alle zwei Jahre im Frühling in Grünpflanzenerde, solange es von der Größe der Pflanze her möglich ist. Wenn ein Umtopfen nicht mehr möglich ist, tragen Sie die oberste Erdschicht ab und füllen frische Erde nach.

BEWURZELUNG IN DER ERDE

1 Schneiden Sie einen 10 bis 15 cm langen Zweig ab. Der Schnitt sollte schräg und direkt unterhalb eines Knotens erfolgen. Entfernen Sie die Blätter und behalten Sie nur drei oder vier an der Triebspitze.

2 Stecken Sie den Zweig einige Zentimeter tief in einen mit Anzuchterde gefüllten Topf. Gießen Sie ausgiebig, um die Erde gut zu befeuchten.

3 Stülpen Sie eine durchsichtige Glocke aus Glas oder Kunststoff über den Topf, um einen gute Feuchtigkeitsgehalt zu gewährleisten.

4 Stellen Sie den Topf an einen hellen, warmen Platz. Die Idealtemperatur beträgt 20 bis 24 °C. Gießen Sie, wenn die Erde an der Oberfläche trocken ist. Wenn sich nach einem Monat die ersten Wurzeln gebildet haben, können Sie die Glocke entfernen.

BEWURZELUNG IM WASSER

1 Schneiden Sie einen 10 bis 15 cm langen Zweig ab. Der Schnitt sollte schräg und direkt unterhalb eines Knotens erfolgen. Entfernen Sie die Blätter und behalten Sie nur drei oder vier an der Triebspitze.

2 Stellen Sie den Zweig in ein Glas mit weichem Wasser, das seltener gewechselt werden muss als Leitungswasser. Falls Sie dieses benutzen, sollten Sie es mindestens einmal pro Woche wechseln. Geben Sie ein Stück Kohle in das Glas. So bleibt das Wasser länger sauber.

3 Stellen Sie das Glas dann an einen hellen Ort ohne direkte Sonneneinstrahlung. Vermeiden Sie Zugluft und die Nähe von Wärmequellen, wie

GUT ZU WISSEN

Sie können auch Blätter zur Vermehrung Ihres Gummibaums verwenden. Sie müssen lediglich darauf achten, außer dem Blatt selbst auch den Blattstiel abzuschneiden, selbst wenn dieser kurz ist. An dieser Stelle befinden sich sogenannte „schlafende Augen", also ruhende Knospen, die dazu in der Lage sind, sich weiterzuentwickeln und neue Triebe zu bilden.

Heizungen, Öfen oder Kamine. Die Umgebung Ihrer Pflanze sollte feucht und warm sein, am besten um die 19 °C.

4 Sobald Sie feststellen, dass sich erste Wurzeln bilden und diese 2 bis 3 cm lang sind, ist es an der Zeit, Ihren Steckling in einen Topf einzupflanzen.

5 Verwenden Sie einen Topf mit ca. 10 cm Durchmesser. Füllen Sie ihn mit Anzuchterde. Machen Sie ein Loch in die Erde und lassen Sie Ihren Steckling vorsichtig hineingleiten, ohne dabei die Wurzeln zu beschädigen. Dann bedecken Sie die Wurzeln und drücken die Erde vorsichtig an.

6 Gießen Sie regelmäßig, um die Erde feucht zu halten, und achten Sie auf Anzeichen, die auf eine gute Entwicklung hindeuten: neue Blätter und einen wachsenden Stängel.

Monstera deliciosa

Monstera

Die Monstera wird auch „Fensterblatt" genannt. Der deutsche Name bezieht sich auf ihre löcherigen Blätter, die das Licht durscheinen lassen, damit alle Blätter gleichermaßen davon profitieren können.

Familie: Aronstabgewächse (Araceae)
Herkunft: tropische Regenwälder Mittel- und Südamerikas
Vermehrungsperiode: ganzjährig, aber vorzugsweise im Frühling oder Sommer, während der Wachstumsphase der Pflanze.
VERMEHRUNG DURCH ABSENKEN ODER MIT ABLEGERN IM WASSER

Die richtige Pflanzenpflege

• STANDORT
Hell, ohne direkte Sonneneinstrahlung. Vor Zugluft schützen.

• WASSERBEDARF / NÄHRSTOFFZUFUHR
Gießen Sie regelmäßig, um die Erde feucht zu halten. Zwischendurch lassen Sie die Erde oberflächlich trocknen.

- Versorgen Sie Ihre Pflanzen von März bis Oktober alle drei Wochen mit Flüssigdünger für Grünpflanzen.
- Sobald Ihre Pflanzen gut gewachsen sind, besprühen Sie die Blätter – mit Ausnahme der gerade neu gewachsenen – das ganze Jahr über regelmäßig mit kalkfreiem Wasser. Um eine gute Luftfeuchtigkeit zu gewährleisten, legen Sie feuchten Blähton oder Kies auf einen Unterteller und stellen Sie Ihren Topf darauf.

• UMTOPFEN
Alle zwei Jahre im Frühling in Grünpflanzenerde, solange es von der Größe der Pflanze her möglich ist. Wenn ein Umtopfen nicht mehr möglich ist, tragen Sie die oberste Erdschicht ab und füllen frische Erde nach.

Efeutute

ABLEGER ABTRENNEN UND INS WASSER STELLEN

Diese Technik ist nur dann empfehlenswert, wenn Ihre Pflanze einen schönen Habitus hat, ansonsten wäre es schade, sie auszudünnen.

1 Um Ihre Erfolgsaussichten zu erhöhen, sollten Sie einen etwa 5 cm großen Ableger auswählen, der mindestens über drei Blätter verfügt. Legen Sie ihn minutiös frei und schneiden Sie ihn mithilfe eines sauberen Messers oder einer sauberen Gartenschere mit einem Stück Wurzel ab. Vergessen Sie nicht, das entstandene Loch in der Erde wieder zuzumachen.

2 Stellen Sie Ihren Ableger in einen mit Wasser (Zimmertemperatur) gefüllten Behälter. Achten Sie darauf, dass die Wurzeln, nicht aber die Blätter, ins Wasser eingetaucht sind.

3 Stellen Sie Ihren Ableger anschließend an einen hellen Platz ohne direkte Sonneneinstrahlung, denn diese könnte die Blätter und die Wurzeln beschädigen. Schützen Sie Ihre Pflanze auch vor Zugluft.

4 Nach ungefähr zwei Wochen sollten sich erste weiße Wurzeln entwickeln. Sobald diese 4 bis 5 cm lang sind, ist es an der Zeit, Ihren Ableger einzupflanzen.

ABSENKEN

Diese Technik eignet sich bestens, wenn sich Ihre Pflanze etwas zu sehr ausgebreitet hat und Sie Ihr Wachstum eindämmen wollen.

1 Zunächst müssen Sie einen Trieb auswählen, den Sie eingraben wollen. Der Trieb wird bei dieser Technik nicht abgeschnitten – zumindest nicht sofort. Er sollte biegsam und gesund sein und den Ansatz von mindestens einer Luftwurzel aufweisen.

2 Graben Sie den Trieb mitsamt seiner Luftwurzel in die Erde ein. Befestigen Sie ihn mit kleinen Pflanzenklammern, damit er nicht verrutscht.

3 Gießen Sie regelmäßig, um die Erde feucht zu halten.

4 Nach vier Wochen sollten sich Wurzeln in der Erde entwickelt haben. Nun können Sie den Trieb von der Mutterpflanze abschneiden.

Hedera helix

Efeu

Ob drinnen oder draußen: Efeu ist eine äusserst pflegeleichte Kriech- und Kletterpflanze. Wenn sie Pflanzen mögen, die schnell wachsen und sich schnell ausbreiten, dann können sie mit Efeu nichts falsch machen.

Familie Araliengewächse (Araliaceae)
Herkunft: Europa und Asien
Vermehrungsperiode: ganzjährig
VERMEHRUNG MIT KOPFSTECKLINGEN IM WASSER ODER DURCH ABSENKEN

Die richtige Pflanzenpflege

- **STANDORT**
Hell, ohne direkte Sonneneinstrahlung, oder schattig.
- **WASSERBEDARF**
In einem Topf trocknet die Erde viel schneller aus. Achten Sie darauf, sie schön feucht zu halten.
  - Im Frühling und Sommer gießen Sie, abhängig von der Temperatur, regelmäßig zwei- bis dreimal die Woche.
  - Im Winter lassen Sie der Natur einfach ihren Lauf. Wenn es einige Wochen lang nicht regnet, sollten Sie allerdings ein wenig gießen.
- **UMTOPFEN**
Da sich Efeu sehr schnell entwickelt, ist es notwendig, ihn jedes Jahr im Frühling umzutopfen.

BEWURZELUNG IM WASSER

1. Schneiden Sie drei 10 bis 15 cm lange Stängel ab. Entfernen Sie die unteren Blätter und behalten Sie nur drei oder vier an der Triebspitze. Stellen Sie sie in ein mit Wasser gefülltes Glas. Achten Sie dabei darauf, dass sich die Blätter nicht im Wasser befinden.

2. Sobald sich nach etwa zwei Wochen Wurzeln gebildet haben, pflanzen Sie Ihre Stecklinge in Anzuchterde ein. Drei Stecklinge auf einmal einzupflanzen hat den Vorteil, dass Ihre Pflanze am Ende üppiger wird.

3. Stellen Sie den Topf in einen hellen, zwischen 18 und 21 °C warmen Raum. Gießen Sie regelmäßig, um die Erde feucht zu halten.

ABSENKEN

Dies ist die Technik der Wahl, wenn Ihr Efeu sich ausbreiten soll.

1. Wählen Sie einen gesunden und kräftigen Trieb aus, der über mehrere Sprossknoten verfügt. Stellen Sie einen mit Umtopferde gefüllten Topf neben die Mutterpflanze und biegen Sie den Trieb – ohne ihn zu brechen – in Richtung Topf.

2. Drücken Sie die Sprossknoten in die Erde und befestigen Sie den Trieb mit kleinen Pflanzenklammern, um ihn an Ort und Stelle zu halten. Achten Sie darauf, die Erde feucht zu halten.

3. Nach drei bis sechs Monaten hat sich der Trieb verwurzelt. Sie können ihn nun von der Mutterpflanze trennen.

Tradescantia zebrina

Zebra-Ampelkraut

GLEICHE TECHNIK

Schamblume

Wenn Sie glauben, keinen grünen Daumen zu haben, wird sie diese Pflanze eines besseren belehren!

Familie: Commelinagewächse (Commelinaceae)
Herkunft: Nord- und Südamerika
Vermehrungsperiode: Frühling, Sommer
VERMEHRUNG MIT KOPFSTECKLINGEN – BEWURZELUNG IM WASSER ODER IN DER ERDE MIT ANZUCHTGLOCKE

Die richtige Pflanzenpflege

- **STANDORT**

Hell. Das Licht stimuliert die hübsche Färbung der Blätter. Schützen Sie die Pflanze jedoch vor direkter Sonneneinstrahlung und Zugluft.

- **WASSERBEDARF**

Nicht zu viel und nicht zu wenig.
- Im Frühling und Sommer gießen Sie, abhängig von der Temperatur, zwei- bis dreimal die Woche.
- Im Winter gießen Sie ein- bis zweimal pro Woche. Zwischen zwei Wässerungen sollte die Erde an der Oberfläche auf 2 bis 3 cm trocknen.

- **UMTOPFEN**

Alle zwei Jahre, wenn es der Pflanze zu eng wird.

BEWURZELUNG IM WASSER

1. Schneiden Sie einen ca. 5 bis 8 cm langen Stängel ab. Entfernen Sie die Blätter und behalten Sie nur drei oder vier an der Triebspitze.

2. Stellen Sie den Steckling ins Wasser, ohne dass seine Blätter mit dem Wasser in Kontakt kommen.

3. Sobald die Wurzeln einige Zentimeter lang sind, ist es an der Zeit, den Steckling einzupflanzen.

4. Verwenden Sie einen Topf mit ca. 10 cm Durchmesser. Füllen Sie ihn mit Anzuchterde. Dabei handelt es sich um eine leichte, feine und wasserdurchlässige Erde. Diese Art von Pflanzenerde eignet sich bestens, um die Verwurzelung des Stecklings zu fördern.

5. Machen Sie ein Loch in die Erde und legen Sie vorsichtig Ihren Steckling hinein, ohne dabei die Wurzeln zu beschädigen. Dann bedecken Sie sie mit Erde und drücken diese vorsichtig an.

6. Gießen Sie regelmäßig, um die Erde feucht zu halten, und achten Sie auf Anzeichen, die auf eine gute Entwicklung hindeuten: neue Blätter und einen wachsenden Stängel.

BEWURZELUNG IN DER ERDE

1. Schneiden Sie einen ca. 5 bis 8 cm langen Stängel ab. Entfernen Sie die Blätter und behalten Sie nur drei oder vier an der Triebspitze.

2. Bereiten Sie einen Topf mit etwa 6 cm Durchmesser vor und legen Sie den Boden mit Blähton aus. Dann füllen Sie ihn mit Anzuchterde auf. Machen Sie ein Loch in die Erde und pflanzen Sie Ihren Steckling hinein. Drücken Sie vorsichtig die Erde um den Steckling herum an.

3. Gießen Sie ausgiebig, um die Erde gut zu befeuchten. Stülpen Sie eine Glocke aus Glas oder Kunststoff über den Topf, um Gewächshausbedingungen zu schaffen.

4. Stellen Sie den Topf dann an einen hellen und warmen Platz (zwischen 20 und 24 °C) und gießen Sie, sobald die Erde an der Oberfläche trocken ist.

5. Wenn nach einem bis eineinhalb Monaten die ersten Wurzeln erscheinen, können Sie die Glocke entfernen.

Riesenblättriges Pfeilblatt

Alocasia amazonica polly

Schamblume

Diese Pflanze, deren große Blätter weiß geädert sind, produziert viele Ableger. Ihr edles und originelles Aussehen macht sie zu einem dekorativen Blickfang!

Die richtige Pflanzenpflege

- **STANDORT**
Hell, ohne direkte Sonneneinstrahlung, 18 bis 22 °C.
- **WASSERBEDARF**
Besprühen Sie die Blätter jeden Tag mit weichem Wasser.
  - Im Frühling und Sommer gießen Sie regelmäßig zweimal pro Woche. Lassen Sie das Substrat zwischen zwei Wässerungen trocknen.
  - Im Winter gießen Sie seltener und lassen das Substrat auf 2 bis 3 cm trocknen, bevor Sie erneut gießen. Stellen Sie Ihre Pflanze nicht in die Nähe direkter Wärmequellen.
- **NÄHRSTOFFZUFUHR**
Geben Sie Ihrer Pflanze von Ende März bis Ende September alle zwei Wochen Flüssigdünger für Grünpflanzen.
- **UMTOPFEN**
Alle zwei bis drei Jahre im Frühling zwischen März und Mai.

Familie: Aronstabgewächse (Araceae)
Herkunft: Wälder im tropischen Asien
Vermehrungsperiode: Frühling, Sommer - die Wärme hilft beim Angehen der Stecklinge.
VERMEHRUNG MIT ABLEGERN

1. Topfen Sie die Pflanze aus oder entfernen Sie vorsichtig mit Ihren Händen die Erde, die die Ableger umgibt. Diese entwickeln sich meistens am Fuß einer Mutterpflanze.

2. Achten Sie beim Entfernen darauf, ein Rhizom und somit die Wurzeln beizubehalten. So haben Sie bessere Chancen, dass Ihre Ableger angehen. Entfernen Sie die unteren Blätter, damit nur die jüngsten Blätter verbleiben.

3. Bereiten Sie Töpfe vor, die für die Größe Ihrer Ableger angemessen sind. Legen Sie diese mit Blähton aus und befüllen Sie sie dann mit Anzuchterde. Machen Sie ein Loch in die Erde und pflanzen Sie einen Ableger hinein. Drücken Sie die Erde rundherum gut an.

4. Gießen Sie Ihren Ableger regelmäßig, damit die Erde immer ein bisschen feucht bleibt, und stellen Sie ihn in einen hellen, 20 °C warmen Raum.

5. Sobald Sie sehen, dass sich ein neues Blatt entwickelt hat, wissen Sie, dass Ihr Ableger angegangen ist.

Pachira aquatica

Pachira

Eine pflegeleichte Pflanze, die wie ein Sonnenschirm anmutet! Sie speichert Wasser in ihrem Stamm und muss daher seltener gegossen werden.

Familie: Wollbaumgewächse (Bombacoideae)
Herkunft: Feuchtgebiete Asiens, Mittel- und Südamerikas
Vermehrungsperiode: September
VERMEHRUNG MIT KOPFSTECKLINGEN – BEWURZELUNG IM WASSER ODER IN DER ERDE MIT ANZUCHTGLOCKE

Die richtige Pflanzenpflege

- **STANDORT**
Hell, ohne direkte Sonneneinstrahlung.
- **WASSERBEDARF**
Die Erde sollte frisch, aber nicht zu feucht gehalten werden. Stellen Sie den Topf auf einen mit angefeuchtetem Blähton gefüllten Unterteller. Die Verdunstung trägt zu einer guten Luftfeuchtigkeit bei.
  - Geben Sie Ihrer Pflanze von Ende März bis Ende September alle zwei Wochen Flüssigdünger für Grünpflanzen. Gießen Sie sie, sobald die Erde an der Oberfläche trocken ist.
  - Im Winter gießen Sie hingegen nur einmal pro Woche.
- **UMTOPFEN**
Jedes Jahr im Frühling in einen Topf, der ein wenig größer als der Vorherige ist.

BEWURZELUNG IM WASSER

1. Schneiden Sie die Spitze eines etwa 10 cm langen Stängels ab. Entfernen Sie alle Blätter bis auf zwei an der Triebspitze. Stellen Sie den Stängel ins Wasser, ohne dass seine Blätter mit dem Wasser in Kontakt kommen.

2. Sobald die Wurzeln einige Zentimeter lang sind, ist es an der Zeit, den Steckling einzupflanzen.

3. Verwenden Sie einen Topf mit ca. 10 cm Durchmesser. Befüllen Sie diesen mit Anzuchterde. Machen Sie ein Loch in die Erde und legen Sie vorsichtig Ihren Steckling hinein, ohne dabei die Wurzeln zu beschädigen. Dann bedecken Sie sie mit Erde und drücken diese vorsichtig an.

4. Gießen Sie regelmäßig, um die Erde feucht zu halten, und achten Sie auf Anzeichen, die auf eine gute Entwicklung hindeuten: neue Blätter und einen wachsenden Stängel.

5. Nach drei bis vier Wochen sollten sich Wurzeln entwickelt haben. Jetzt müssen Sie Ihren Steckling in einen größeren Topf mit Grünpflanzenerde einpflanzen.

BEWURZELUNG IN DER ERDE

1 Schneiden Sie die Spitze eines etwa 10 cm langen Stängels ab. Entfernen Sie alle Blätter bis auf zwei an der Triebspitze.

2 Befüllen Sie einen Topf mit Anzuchterde, machen Sie ein kleines Loch und pflanzen Sie Ihren Steckling hinein. Drücken Sie vorsichtig die Erde um den Steckling herum an. Gießen Sie ausgiebig, um die Erde gut zu befeuchten.

3 Stülpen Sie eine Glocke aus Glas über den Topf, um Gewächshausbedingungen zu schaffen. Stellen Sie den Topf dann an einen hellen und warmen Platz (zwischen 20 und 24 °C) und gießen Sie, sobald die Erde an der Oberfläche trocken ist.

4 Heben Sie etwa alle zwei Tage für einige Minuten die Glocke ab, damit die Luft zirkulieren kann.

5 Nach drei bis vier Wochen sollten sich Wurzeln entwickelt haben. Jetzt müssen Sie Ihren Steckling in einen größeren Topf mit Grünpflanzenerde einpflanzen.

Syngonium podophyllum

Purpurtute

Die Purpurtute gehört derselben Familie an wie der Philodendron und bildet wurzelnde Stängel, die es der Pflanze ermöglichen, sich schnell auszubreiten.

Die richtige Pflanzenpflege

- **STANDORT**
Hell, ohne direkte Sonneneinstrahlung, in einem 20 °C warmen Raum.
- **WASSERBEDARF**
Die Erde muss frisch, aber nicht zu feucht gehalten werden.
  - Stellen Sie den Topf auf einen mit angefeuchtetem Blähton gefüllten Unterteller. Die Verdunstung trägt zu einer guten Luftfeuchtigkeit bei. Besprühen Sie die Blätter ein- bis zweimal pro Woche mit weichem Wasser.
  - Im Winter können Sie seltener gießen und die Erde zwischen zwei Wässerungen auf 2 bis 3 cm trocknen lassen.
- **NÄHRSTOFFZUFUHR**
Geben Sie Ihrer Pflanze von Ende März bis Ende September alle zwei Wochen Flüssigdünger für Grünpflanzen.
- **UMTOPFEN**
Alle drei Jahre im Frühling in einen etwas größeren Topf. Belegen Sie den Boden des Topfs mit Blähton, um eine gute Drainage zu gewährleisten, und füllen Sie ihn dann mit Grünpflanzenerde auf.

Familie: Aronstabgewächse (Araceae)
Herkunft: Mittel- und Südamerika, Afrika und Australien
Vermehrungsperiode: März und April
VERMEHRUNG MIT KOPFSTECKLINGEN – BEWURZELUNG IN DER ERDE MIT ANZUCHTGLOCKE

BEWURZELUNG IN DER ERDE

1. Entfernen Sie einen jungen Trieb am Fuß der Mutterpflanze, der kleine Luftwurzeln aufweist. Schneiden Sie ihn unterhalb eines Sprossknotens ab (dort entwickeln sich später die neuen unterirdischen Wurzeln). Entfernen Sie die Blätter am unteren Ende.

2. Bereiten Sie einen Topf mit etwa 6 cm Durchmesser vor und legen Sie den Boden mit Blähton aus. Dann füllen Sie ihn mit Anzuchterde auf. Machen Sie ein kleines Loch in die Erde und pflanzen Sie Ihren Steckling hinein. Achten Sie darauf, die Luftwurzeln nur leicht einzugraben. Stellen Sie den Topf auf einen Unterteller. Drücken Sie die Erde fest an, damit der Steckling schön gerade steht.

3. Gießen Sie ein Glas Wasser auf den Unterteller. Die Erde nimmt das Wasser auf diese Weise von unten auf und wird so nicht übermäßig nass.

4. Um das Wurzelwachstum zu beschleunigen, stülpen Sie eine Glocke aus Glas oder Kunststoff über den Topf, um Gewächshausbedingungen zu schaffen. Stellen Sie den Topf an einen hellen und warmen (20 °C) Platz ohne direkte Sonneneinstrahlung. Halten Sie die Erde feucht, indem Sie Wasser auf den Unterteller gießen.

5. Nach zwei bis drei Wochen sollten Sie feststellen können, dass sich neue Blätter entwickeln. Nun können Sie die Glocke abheben.

Peperomia

Peperomie

Die Blätter der Peperomie können in Gestalt und Oberflächentextur sehr unterschiedlich sein. Es gibt eine Vielzahl von Sorten, aber alle lassen sich auf dieselbe Art vermehren.

Familie: Pfeffergewächse (Piperaceae)
Herkunft: Antillen, Südamerika
Vermehrungsperiode: Frühlingsbeginn
VERMEHRUNG MIT BLATTSTECKLINGEN – BEWURZELUNG IN DER ERDE MIT ANZUCHTGLOCKE ODER IM WASSER

Die richtige Pflanzenpflege

- **STANDORT**
Hell, aber niemals mit direkter Sonneneinstrahlung. Stellen Sie die Pflanze in Fensternähe in einen zwischen 10 und 21 °C warmen Raum.
- **WASSERBEDARF**
Vorsicht vor zu viel Wasser! Lassen Sie die Erde zwischen zwei Wässerungen an der Oberfläche (3 cm) gut trocknen.
  - Gießen Sie im Frühling einmal pro Woche.
  - Im Sommer können Sie bis zu zweimal pro Woche gießen.
  - Im Winter müssen Sie die Wasserzufuhr reduzieren. Bei trockener Luft stellen Sie den Topf auf einen mit angefeuchtetem Blähton gefüllten Unterteller.
- **UMTOPFEN**
Im Frühling, sobald die Wurzeln aus dem Topf herausragen. Geben Sie für die Drainage Blähton in den Topf und füllen Sie ihn dann mit Umtopferde auf.

BEWURZELUNG IM WASSER

1. Entfernen Sie ein gesundes Blatt und schneiden Sie den Blattstiel ungefähr 3 cm unterhalb des Blattansatzes ab (s. S. 27).

2. Stellen Sie den kleinen Stiel ins Wasser, ohne dass das Blatt mit dem Wasser in Kontakt kommt. Geben Sie ein Stück Kohle in das Glas, um das Wasser länger sauber zu halten. Halten Sie das Wasserniveau unverändert.

3. Sobald sich Wurzeln von ein paar Zentimetern Länge gebildet haben, sollten Sie den Steckling einpflanzen. Verwenden Sie einen Topf mit ca. 10 cm Durchmesser und füllen Sie ihn mit Anzuchterde. Machen Sie ein Loch in die Erde und setzen Sie vorsichtig Ihren Steckling hinein, ohne dabei die Wurzeln zu beschädigen. Mit Erde bedecken und vorsichtig andrücken.

4. Gießen Sie regelmäßig, um die Erde feucht zu halten, und achten Sie auf Anzeichen, die auf eine gute Entwicklung hindeuten: neue Blätter und einen wachsenden Stängel.

BEWURZELUNG IN DER ERDE

1. Entfernen Sie ein gesundes Blatt und schneiden Sie den Blattstiel ungefähr 3 cm unterhalb des Blatts ab. Legen Sie das Blatt mit der Unterseite nach oben auf eine saubere Oberfläche (z. B. auf ein Holzbrett). Nehmen Sie mit einer dünnen Klinge maximal 1 cm lange senkrechte Einschnitte an den Blattadern vor (s. S. 27).

TIPPS

- Versuchen Sie Ihr Glück mit mehreren Blättern, um Ihre Erfolgsaussichten zu steigern.
- Achten Sie darauf, gesunde Blätter auszuwählen, um Fäulnis vorzubeugen.

2 Legen Sie Blähton auf den Boden eines Tontopfs mit Abzugsloch und befüllen Sie den Topf anschließend mit Anzuchterde. Machen Sie ein kleines Loch in die Erde und stecken Sie den Blattstiel so hinein, dass Sie das Blatt mit der eingeschnittenen Unterseite auf die Erde legen können. Damit das Blatt flach auf der Erde liegen bleibt, können Sie kleine Steine auf seine Ränder legen.

3 Wässern Sie regelmäßig, indem Sie den Topf in ein Wasserbad stellen, und zwar für 15 Minuten alle zehn Tage. So bleibt die Erde leicht feucht und das Blatt wird nicht nass. Stülpen Sie eine Glocke aus Glas oder Kunststoff über den Topf. Sie können ihn auch mit durchsichtiger Plastikfolie abdecken. Stellen Sie den Topf in einen 20 bis 24 °C warmen, hellen Raum ohne direkte Sonneneinstrahlung.

4 Nach drei bis sechs Wochen sollten, abhängig von der Pflanze, die ersten Keimlinge zu sehen sein. Warten Sie, bis das Wurzelsystem gut entwickelt ist, bevor Sie die Pflanzen umtopfen.

Pilea peperomioides

Chinesischer Geldbaum

GLEICHE TECHNIK
Tigergras

Diese Pflanze bringt viele Ableger hervor. Dies passiert häufig bei Pflanzen, die im Wasser bewurzelt und anschließend in die Erde eingepflanzt wurden. Nicht alle Ableger eignen sich dazu, eine neue Pflanze heranzuziehen. Es ist wichtig, gesunde und reife Ableger auszuwählen.

Familie: Brennnesselgewächse (Urticaceae)
Herkunft: China
Vermehrungsperiode: ganzjährig. Die beste Zeit ist jedoch im Frühling, wenn sich die Pflanze in der Wachstumsphase befindet und Ableger bildet.
VERMEHRUNG MIT ABLEGERN – BEWURZELUNG IM WASSER ODER IN DER ERDE

Die richtige Pflanzenpflege

- **STANDORT**
Sehr hell, ohne direkte Sonneneinstrahlung.
- **WASSERBEDARF**
Regelmäßig gießen.
  - Im Winter ein- bis zweimal pro Woche.
  - Im Sommer zwei- bis dreimal pro Woche.

Um Staunässe vorzubeugen, legen Sie Blähton auf den Boden des Topfs, was eine gute Drainage ermöglicht.
- **UMTOPFEN**
Alle zwei Jahre im Frühling, wenn die Wurzeln aus dem Topf herausragen.

BEWURZELUNG IM WASSER

1 Suchen Sie nach Ablegern Ihrer Pflanze und wählen Sie einen aus, der mindestens 5 cm groß ist und drei bis vier Blätter hat. Vorsichtig die Entfernen Sie die Erde, um die kleinen Triebe vorsichtig abtrennen zu können. Achten Sie darauf, dass so viele Wurzeln wie möglich erhalten bleiben. Sie sollten dazu ein sauberes und scharfes Gerät verwenden, um weder den Ableger noch die Mutterpflanze zu beschädigen.

2 Falls es Ihnen gelungen ist, schöne Wurzeln zu erhalten, können Sie den Ableger direkt einpflanzen. Anderenfalls stellen Sie den Ableger in einen mit zimmerwarmem Wasser gefüllten Behälter. Achten Sie darauf, dass die Wurzeln ins Wasser eingetaucht sind, nicht aber die Blätter.

3 Stellen Sie Ihren Ableger anschließend an einen hellen Platz abseits von Zugluft und direkter Sonneneinstrahlung – beides könnte die Blätter und die Wurzeln beschädigen. Nun ist Geduld gefragt.

4 Nach zwei bis drei Wochen werden neue Wurzeln sichtbar. Der Ableger kann nun in eine leichte, wasserdurchlässige und für ihre Pflanze geeignete Erde eingepflanzt werden.

GUT ZU WISSEN

Die Blätter dieser Pflanze werden vom Sonnenlicht angezogen. Drehen Sie die Pflanze also dann und wann um, damit sie ein schönes Erscheinungsbild entwickelt.

BEWURZELUNG IN DER ERDE

1. Der erste Schritt ist derselbe wie bei der Bewurzelung im Wasser.

2. Sobald Sie einen Ableger entfernt haben, bereiten Sie einen Topf mit etwa 6 cm Durchmesser vor und legen den Boden mit Blähton aus. Dann füllen Sie ihn mit Anzuchterde auf. Machen Sie mithilfe eines Holzstifts ein Loch und setzen Sie Ihren Ableger hinein. Drücken Sie die Erde an, damit der Ableger auch schön gerade steht. Gießen Sie ausgiebig.

Hypoestes

Punktblume

GLEICHE TECHNIK
Mosaikpflanze

Woher die Punktblume ihren Namen hat, ist nicht schwer zu erraten: Kleine Tupfer in Cremeweiss, Rosa oder Rot zieren ihre dekorativen Blätter. Sie ist ein wahrer Blickfang und lässt sich ganz einfach vermehren.

Familie: Akanthusgewächse, (Acanthaceae)
Herkunft: Madagaskar
Vermehrungsperiode: Frühling, Sommer
VERMEHRUNG MIT KOPFSTECKLINGEN – BEWURZELUNG IM WASSER ODER IN DER ERDE MIT ANZUCHTGLOCKE

Die richtige Pflanzenpflege

- **STANDORT**

Nur wenig Licht, vor allem kein direktes Sonnenlicht. Schützen Sie die Pflanze vor Zugluft.

- **WASSERBEDARF**

Nicht zu viel und nicht zu wenig. Die Erde sollte feucht bleiben:

- Im Frühling und Sommer zwei- bis dreimal pro Woche gießen.
- Im Winter ca. zweimal pro Woche. Stellen Sie den Topf auf einen mit angefeuchtetem Blähton gefüllten Unterteller. Die Verdunstung befeuchtet so die Umgebungsluft. Besprühen Sie die Blätter jeden Tag mit weichem Wasser. Ideale Bedingungen bietet ein Terrarium, da es ein geschütztes Milieu bietet und Licht einfallen lässt.

- **UMTOPFEN**

Im Frühling, alle drei Jahre, mit Umtopferde. Belegen Sie den Boden des Topfs mit Blähton, um eine gute Drainage zu gewährleisten.

BEWURZELUNG IM WASSER

1 Schneiden Sie einen ca. 5 bis 8 cm langen Stängel ab. Entfernen Sie die Blätter und behalten Sie nur drei oder vier an der Triebspitze.

2 Stellen Sie den Stängel ins Wasser, ohne dass seine Blätter mit dem Wasser in Kontakt kommen.

3 Sobald sich Wurzeln gebildet haben und diese einige Zentimeter lang sind, ist es an der Zeit, den Steckling einzupflanzen.

4 Verwenden Sie einen Topf mit ca. 10 cm Durchmesser und füllen Sie ihn mit Anzuchterde. Dabei handelt es sich um eine leichte, feine und wasserdurchlässige Erde, die sich bestens eignet, um die Verwurzelung des Stecklings zu fördern. Machen Sie ein Loch in die Erde und legen Sie vorsichtig Ihren Steckling hinein, ohne dabei die Wurzeln zu beschädigen. Dann bedecken Sie ihn mit Erde und drücken diese vorsichtig an.

5 Gießen Sie regelmäßig, um die Erde feucht zu halten, und achten Sie auf Anzeichen, die auf eine gute Entwicklung hindeuten: neue Blätter und einen wachsenden Stängel.

KOPFSTECKLING MIT ANZUCHTGLOCKE

1 Schneiden Sie einen ca. 5 bis 8 cm langen Stängel ab. Entfernen Sie die Blätter und behalten Sie nur drei oder vier an der Triebspitze.

2 Befüllen Sie einen Topf mit Anzuchterde, machen Sie ein kleines Loch und pflanzen Sie Ihren Steckling hinein. Drücken Sie vorsichtig die Erde um den Steckling herum an.

3 Gießen Sie ausgiebig, um die Erde gut zu befeuchten. Stülpen Sie eine Glocke aus Glas oder Kunststoff über den Topf, um Gewächshausbedingungen zu schaffen.

4 Stellen Sie den Topf dann an einen hellen und zwischen 20 und 24 °C warmen Platz und gießen Sie, sobald die Erde an der Oberfläche trocken ist.

5 Heben Sie etwa alle zwei Tage für einige Minuten die Glocke ab, damit die Luft zirkulieren kann. Wenn nach einem bis eineinhalb Monaten die ersten Wurzeln erscheinen, können Sie die Glocke entfernen.

Maranta leucoreuna

Marante

Diese Pflanze mit ihren atemberaubend schönen Blättern ist auch als Gebetspflanze bekannt, da sie ihre Blätter am Abend wie zum Gebet hebt aneinanderlegen.

Familie: Pfeilwurzgewächse (Marantaceae)
Herkunft: Lateinamerika und Antillen
Vermehrungsperiode: Frühling
BEWURZELUNG IM WASSER MIT ANZUCHTGLOCKE

Die richtige Pflanzenpflege

• **STANDORT**
In gedämpftem Licht, da direktes Sonnenlicht die Blätter verblassen lässt. Vor Zugluft schützen.

• **WASSERBEDARF**
- Gießen Sie im Frühling und Sommer zweimal pro Woche und besprühen Sie täglich die Blätter.
- Im Winter gießen Sie einmal pro Woche und besprühen zwei- bis dreimal pro Woche die Blätter. Stellen Sie den Topf auf einen mit angefeuchtetem Blähton gefüllten Unterteller. Die Verdunstung befeuchtet so die Umgebungsluft. Um die extravaganten Farben der Marante zu intensivieren, stecken Sie ein Stück Holzkohle in die Erde.

• **UMTOPFEN**
Jedes Jahr im Frühjahr in einer gleichteiligen Mischung aus Grünpflanzenerde und Moorbeeterde auf einem Bett aus Blähton.

1 Schneiden Sie genau über einem Sprossknoten schräg einen etwa 10 bis 15 cm langen Stängel ab. Entfernen Sie die Blätter und behalten Sie nur drei oder vier an der Triebspitze.

2 Stellen Sie den Stängel in vorzugsweise weiches Wasser. Falls Sie Leitungswasser benutzen, sollten Sie dieses regelmäßig wechseln – mindestens einmal pro Woche. Geben Sie ein Stück Kohle in das Glas. So bleibt das Wasser länger sauber und das Wurzelwachstum wird angeregt.

3 Stülpen Sie eine Glocke aus Glas oder Kunststoff über den Topf, um Gewächshausbedingungen nachzuahmen. So wird ein hoher Feuchtigkeitsgehalt und eine gute Entwicklung Ihres Stecklings gewährleistet. Stellen Sie den Topf an einen hellen und zwischen 18 und 22 °C warmen Platz ohne direkte Sonneneinstrahlung.

4 Behalten Sie das Wurzelwachstum im Auge. Sobald die Wurzeln 3 bis 4 cm lang sind, können Sie die Glocke entfernen und die Stecklinge in einen Topf pflanzen.

5 Verwenden Sie einen Topf mit ca. 12 cm Durchmesser. Viel größer sollte er nicht sein, da sich die Blätter schneller entwickeln als die Wurzeln. Legen Sie den Boden mit Blähton aus und füllen Sie den Topf mit Anzuchterde, einer leichten, feinen und wasserdurchlässigen Erde. Befeuchten Sie die Erde, indem Sie ausgiebig gießen. Machen Sie ein Loch in die Erde und legen Sie vorsichtig Ihren Steckling hinein, ohne dabei die Wurzeln zu beschädigen. Dann bedecken Sie ihn mit Erde und drücken diese vorsichtig an.

6 Gießen Sie regelmäßig, um die Erde feucht zu halten, und achten Sie auf Anzeichen, die auf eine gute Entwicklung hindeuten: neue Blätter und einen wachsenden Stängel.

Aphelandra squarrosa

Glanz-kölbchen

Das Glanzkölbchen bezaubert mit seinen grünen Blättern und weissen Blattadern. Seine gelben Blüten setzen dazu auffallende Farbakzente.

Familie: Akanthusgewächse, (Acanthaceae)
Herkunft: Südamerika
Vermehrungsperiode: Frühling, Sommer
VERMEHRUNG MIT KOPFSTECKLINGEN – BEWURZELUNG IN DER ERDE, MIT UND OHNE ANZUCHTGLOCKE

1. Schneiden Sie die Spitze eines etwa 5 bis 8 cm langen Stängels ab. Entfernen Sie alle Blätter bis auf eins an der Spitze. Achten Sie dabei darauf, die Blattstiele (die kleinen Stängel, die die Blätter mit dem Mutterstängel verbinden) zu erhalten.

2. Befüllen Sie einen Topf mit etwa 10 cm Durchmesser mit Anzuchterde, machen Sie ein kleines Loch und pflanzen Sie Ihren Steckling hinein. Drücken Sie vorsichtig die Erde um den Steckling herum an. Gießen Sie ausgiebig, um die Erde gut zu befeuchten. Stülpen Sie eine Glocke aus Glas über den Topf, um Gewächshausbedingungen zu schaffen.

3. Stellen Sie den Topf dann an einen hellen und 20 bis 24 °C warmen Platz und gießen Sie, sobald die Erde an der Oberfläche trocken ist.

4. Heben Sie etwa alle zwei Tage die Glocke für 15 Minuten ab, damit die Luft zirkulieren kann.

5. Jetzt ist Geduld gefragt. Bis sich ein neues Blatt öffnet und Sie somit den Beweis haben, dass Ihre Arbeit Früchte getragen hat, können sechs bis acht Wochen vergehen.

Die richtige Pflanzenpflege

• **STANDORT**
Hell, ohne direkte Sonneneinstrahlung.

• **WASSERBEDARF / SCHNITT**
Die Erde sollte frisch, aber nicht zu feucht gehalten werden. Stellen Sie den Topf auf einen mit angefeuchtetem Blähton gefüllten Unterteller. Die Verdunstung trägt zu einer guten Luftfeuchtigkeit bei. Besprühen Sie die Blätter ein- bis zweimal pro Woche mit weichem Wasser.
- Schneiden Sie im Frühling die ersten Blätter ab. Dies hilft der Pflanze dabei, ihr Blattwerk zu erneuern, und Ihnen stehen so neue Stecklinge zur Verfügung!
- Entfernen Sie Blüten, wenn sie zu verblühen beginnen.
- Im Winter stellen Sie Ihre Pflanze in einen kühlen Raum (15 °C). Sie sollten nun keinen Dünger mehr geben und weniger gießen.

• **NÄHRSTOFFZUFUHR**
Flüssigdünger für Grünpflanzen, alle zwei Wochen von Ende März bis Ende September.

• **UMTOPFEN**
Im Frühling, alle drei Jahre.

Begonia rex

Rex-Begonie

Wiele Begonien werden vor allem für ihre schönen Blüten bewundert. Die Rex-Begonie hingegen zieht dank ihrer Blätter die Blicke auf sich. Rot, grau, grün, rot, silberfarben: Das Farbenspiel dieser Pflanze ist wirklich faszinierend!

Die richtige Pflanzenpflege

- **STANDORT**

Hell, aber niemals mit direkter Sonneneinstrahlung, da diese die Blätter verbrennen würde. Stellen Sie die Pflanze in Fensternähe in einen zwischen 10 und 20 °C warmen Raum.

- **WASSERBEDARF**

Vorsicht vor zu viel Wasser! Lassen Sie die Erde zwischen zwei Wässerungen bis auf 3 cm Tiefe gut trocknen.
- Gießen Sie im Frühling einmal pro Woche.
- Im Sommer, wenn es heißer wird, können Sie bis zu zweimal pro Woche gießen.
- Im Winter können Sie die Wasserzufuhr reduzieren. Falls die Luft zu trocken sein sollte, stellen Sie den Topf auf einen mit angefeuchtetem Blähton gefüllten Unterteller. Die Verdunstung befeuchtet so die Umgebungsluft.

- **UMTOPFEN**

Alle drei Jahre im Frühling.

Familie: Schiefblattgewächse (Begoniaceae)
Herkunft: Asien
Vermehrungsperiode: Frühlingsanfang
VERMEHRUNG MIT BLATTSTECKLINGEN - BEWURZELUNG IM WASSER ODER IN DER ERDE

BEWURZELUNG IM WASSER

1 Entfernen Sie die gesunden Blätter und schneiden Sie die Blattstiele ungefähr 3 cm unterhalb der Blätter ab.

2 Stellen Sie die Stängel ins Wasser, ohne dass die Blätter mit dem Wasser in Kontakt kommen. Geben Sie ein Stück Kohle in das Glas, um das Wasser länger sauber zu halten. Passen Sie das Wasserniveau regelmäßig an, damit die Stängel kontinuierlich im Wasser stehen.

3 Sobald sich Wurzeln gebildet haben und diese 3 bis 4 cm lang sind, ist es an der Zeit, die Stecklinge einzupflanzen. Verwenden Sie Töpfe mit ca. 10 cm Durchmesser. Füllen Sie sie mit Anzuchterde. Diese ist leicht, fein und wasserdurchlässig und fördert die Verwurzelung. Machen Sie ein Loch in die Erde und lassen Sie Ihre Stecklinge vorsichtig hineingleiten, ohne dabei die Wurzeln zu beschädigen. Dann bedecken Sie die Wurzeln und drücken die Erde vorsichtig an.

4 Gießen Sie regelmäßig, um die Erde feucht zu halten, und achten Sie auf Anzeichen, die auf eine gute Entwicklung hindeuten: neue Blätter und einen wachsenden Stängel.

► ► ►

Schneiden Sie den Blattstiel
auf 3 cm Länge ab.

Stellen Sie den Blattstiel ins Wasser
und lassen Sie das Blatt an der Luft.

Schneiden Sie die Blattadern ein.

Stecken Sie die Blattstiele in die Erde und legen Sie die Blätter auf die Erde.

Legen Sie Steinchen auf die Blätter, um sie zu fixieren.

Stülpen Sie eine Glocke über den Topf.

BEWURZELUNG IN DER ERDE

1 Entfernen Sie die gesunden Blätter und schneiden Sie die Blattstiele ungefähr 3 cm unterhalb der Blätter ab.

2 Legen Sie die Blätter mit der Unterseite nach oben auf eine saubere Oberfläche. Nehmen Sie mit einer dünnen Klinge maximal 1 cm lange senkrechte Einschnitte an den Blattadern vor, die sich auf der Rückseite des Blatts befinden.

3 Bereiten Sie einen Topf mit Anzuchterde vor. Stecken Sie die Blattstiele in die Erde und legen Sie die Blätter auf die feuchte Erde. Die Seite mit den Einschnitten muss dabei auf der Erde aufliegen. Damit die Blätter flach liegen bleibt, können Sie kleine Steine auf ihre Ränder legen. Stülpen Sie eine Glocke aus Glas oder Kunststoff über den Topf. Sie können ihn auch mit durchsichtiger Plastikfolie abdecken.

4 Stellen Sie Ihren Behälter in einen 20 bis 24 °C warmen, hellen Raum ohne direkte Sonneneinstrahlung. Halten Sie die Erde leicht feucht, indem Sie den Topf regelmäßig in Wasser stellen. Die Blätter sollten nicht mit Wasser in Berührung gebracht werden.

5 Nach drei bis sechs Wochen sollten die ersten Keimlinge zu sehen sein. Warten Sie, bis das Wurzelsystem gut entwickelt ist, bevor Sie die Pflanzen umtopfen.

TIPPS

- *Vermeiden Sie es, die Blätter beim Gießen zu befeuchten. Es ist besser, den Topf in Wasser zu stellen.*
- *Versuchen Sie Ihr Glück mit mehreren Blättern, das steigert die Erfolgsaussichten!*
- *Achten Sie darauf, nur gesunde Blätter auszuwählen, da das Fäulnisrisiko sehr hoch ist.*

Hoya

Wachs-blume

Die Blütenpracht dieser Pflanze ist ganz und gar erstaunlich und ausschlaggebend für ihren Namen: „Wachsblume“. Die kugelförmigen Blüten muten tatsächlich wachsartig an. Mit angemessener Pflege können einige Arten das ganze Jahr über blühen.

Familie: Seidenpflanzengewächse (Asclepiadaceae)
Herkunft: Asien, Australien, Pazifikinseln
Vermehrungsperiode: Frühling, Sommer
VERMEHRUNG MIT KOPFSTECKLINGEN – BEWURZELUNG IM WASSER ODER IN DER ERDE MIT ANZUCHTGLOCKE

Die richtige Pflanzenpflege

- **STANDORT**
Hell, ohne direkte Sonneneinstrahlung.
- **WASSERBEDARF**
- Gießen Sie im Frühling und Sommer ungefähr einmal pro Woche.
- Im Winter gießen Sie weniger, etwa einmal alle zwei Wochen.
Leeren Sie den Unterteller nach dem Gießen aus, damit sich keine Staunässe bildet.
Alternativ können Sie den Topf auch 30 Minuten lang in ein Wasserbad stellen. So können Sie sicher sein, dass die Blätter der Wachsblume nicht nass werden.
- **UMTOPFEN**
Alle zwei Jahre im Frühling in einen etwas größeren Topf. Belegen Sie den Boden des Topfs mit Blähton, um eine gute Drainage zu gewährleisten, und füllen Sie ihn dann mit Blühpflanzenerde auf.

BEWURZELUNG IM WASSER

1 Schneiden Sie einen 10 cm langen Stängel ab. Entfernen Sie die Blätter und behalten Sie nur drei oder vier an der Triebspitze. Stellen Sie den Stängel ins Wasser, ohne dass seine Blätter mit dem Wasser in Kontakt kommen.

2 Sobald sich die ersten Wurzeln gebildet haben und diese einige Zentimeter lang sind, ist es an der Zeit, den Steckling einzupflanzen. Verwenden Sie einen Topf mit ca. 10 cm Durchmesser. Füllen Sie ihn mit Anzuchterde. Dabei handelt es sich um eine leichte, feine und wasserdurchlässige Erde. Machen Sie ein Loch in die Erde und legen Sie vorsichtig Ihren Steckling hinein, ohne dabei die Wurzeln zu beschädigen. Dann bedecken Sie ihn mit Erde und drücken diese vorsichtig an.

3 Stellen Sie den Topf an einen hellen, 20 bis 24 °C warmen Platz ohne direkte Sonneneinstrahlung.

4 Gießen Sie regelmäßig, um die Erde feucht zu halten, und achten Sie auf Anzeichen, die auf eine gute Entwicklung hindeuten, wie neue Blätter und einen wachsenden Stängel.

BEWURZELUNG IN DER ERDE

1 Wie für die Bewurzelung im Wasser besteht der erste Schritt darin, einen 10 cm langen Stängel abzuschneiden. Entfernen Sie die Blätter und behalten Sie nur drei oder vier an der Triebspitze.

2 Befüllen Sie einen Topf mit Anzuchterde, machen Sie ein kleines Loch und pflanzen Sie den Steckling hinein. Drücken Sie vorsichtig die Erde um den Steckling herum an. Gießen Sie ausgiebig, um die Erde gut zu befeuchten. Stülpen Sie eine Glocke aus Glas oder Kunststoff über den Topf, um Gewächshausbedingungen zu schaffen.

3 Stellen Sie den Topf dann an einen hellen und 20 bis 24 °C warmen Platz und gießen Sie, sobald die Erde an der Oberfläche trocken ist. Heben Sie etwa alle zwei Tage für einige Minuten die Glocke ab, damit die Luft zirkulieren kann.

4 Wenn nach etwa einem Monat die ersten Wurzeln erscheinen, können Sie die Glocke entfernen.

Zimmer-Jasmin

Jasminum polyanthum

Der Zimmer-Jasmin ist eine Kletterpflanze mit dunkelgrünen Blättern und schönen weißen Blüten. Sein lieblicher, geradezu berauschender Duft wird Ihr gesamtes Haus erfüllen.

Familie: Ölbaumgewächse (Oleaceae)
Herkunft: China
Bewurzelung im Wasser: April bis September
Bewurzelung in der Erde: Ende August bis Mitte September
Vermehrung durch Absenken: Frühling
VERMEHRUNG MIT KOPFSTECKLINGEN IM WASSER ODER IN DER ERDE SOWIE MIT ABSENKERN

Die richtige Pflanzenpflege

- **STANDORT**
Sonnig – die Sonne unterstützt die Blüte – und geschützt vor Kälte und Zugluft.
- **WASSERBEDARF**
Gießen Sie regelmäßig, um die Erde feucht zu halten. Zwischendurch lassen Sie die Erde oberflächlich trocknen. Um eine gute Luftfeuchtigkeit zu gewährleisten, legen Sie feuchten Kies auf einen Unterteller und stellen Sie den Topf darauf.
- **NÄHRSTOFFZUFUHR**
Geben Sie Ihrer Pflanze von März bis Oktober alle zwei Wochen Flüssigdünger für Blühpflanzen.
- **UMTOPFEN**
Im Frühling, alle zwei Jahre, in Blühpflanzenerde.

BEWURZELUNG IM WASSER

1 Arbeiten Sie mit mehreren Stecklingen, um Ihre Erfolgschancen zu erhöhen. Schneiden Sie sehr grüne 10 cm lange Stängel ab. Schneiden Sie sie direkt unterhalb eines Sprossknotens ab, denn dort entwickeln sich später die Wurzeln. Entfernen Sie alle Blätter bis auf drei oder vier an den Triebspitzen.

2 Füllen Sie ein Glas mit vorzugsweise weichem Wasser und geben Sie ein Stück Holzkohle hinein, um es zu reinigen. Stellen Sie Ihre Stecklinge so ins Glas, dass die Blätter nicht mit dem Wasser in Berührung kommen. Stellen Sie das Glas an einen hellen Platz ohne direkte Sonneneinstrahlung.

3 Fügen Sie regelmäßig Wasser hinzu, um das Wasserniveau ungefähr gleich zu halten. Sobald die ersten Wurzeln etwa 3 cm lang sind – dies ist nach etwa zwei Wochen der Fall –, ist es an der Zeit, die Stecklinge einzupflanzen.

4 Befüllen Sie einen Topf mit etwa 10 cm Durchmesser mit Anzuchterde und pflanzen Sie einen Steckling in die Mitte. Gießen Sie, sobald die Erde an der Oberfläche leicht trocken ist.

BEWURZELUNG IN DER ERDE

1 Schneiden Sie einen jungen, etwa 10 cm langen Trieb ab, wie Sie es auch für die Bewurzelung im Wasser getan haben.

2 Befüllen Sie einen Topf mit etwa 10 cm Durchmesser mit Anzuchterde. Gießen Sie die Erde, machen Sie ein kleines Loch und pflanzen Sie einen Steckling hinein. Drücken Sie nun vorsichtig die Erde um den Steckling herum an.

3 Stellen Sie den Topf an einen hellen Platz ohne direkte Sonneneinstrahlung. Gießen Sie, sobald die Erde leicht trocken ist.

4 Wenn sich neue Blätter entwickeln, wissen Sie, dass Ihr Steckling gut verwurzelt ist. Jetzt sollten Sie ihn in einen größeren Topf mit Blühpflanzenerde umpflanzen.

► ► ►

ABSENKEN

1. Wählen Sie einen biegsamen und gesunden Stängel zum Eingraben aus. Abgeschnitten wird er zunächst nicht.

2. Bereiten Sie einen Topf mit Anzuchterde vor und stellen Sie ihn neben die Mutterpflanze.

3. Drücken Sie Ihren Stängel in die Erde und befestigen Sie ihn mit einer Pflanzenklammer oder einem kleinen Stein. Die Spitze des Stängels muss aus der Erde herausragen.

4. Halten Sie die Erde schön feucht, denn die Wurzeln bilden sich am unterirdischen Teil des Stängels.

5. Nach drei Wochen sollten Sie überprüfen, ob sich Wurzeln gebildet haben. Ziehen Sie dazu leicht am Stängel. Wenn Sie einen Widerstand spüren, hat alles gut geklappt. Jetzt können Sie ihn von der Mutterpflanze trennen.

Nerium oleander

Oleander

Die richtige Pflanzenpflege

• **STANDORT**
Sonnig. Schützen Sie die Pflanze allerdings von der sengenden Sommersonne.

• **WASSERBEDARF / PFLEGE**
In einem Topf trocknet die Erde viel schneller aus. Achten Sie darauf, sie schön feucht zu halten.

- Im Frühling und Sommer gießen Sie, abhängig von der Temperatur, regelmäßig zwei- bis dreimal pro Woche. Vermeiden Sie es, die Blätter anzufeuchten, da dies Blattläuse und andere Parasiten anzieht. Entfernen Sie verwelkte Blüten, um das Wachstum neuer Blüten anzuregen.
- Im Winter lassen Sie der Natur einfach ihren Lauf. Wenn es einige Wochen lang nicht regnet, sollten Sie allerdings ein wenig gießen.

• **UMTOPFEN**
Im Frühling, alle zwei oder drei Jahre, in einen Topf mit Abzugsloch.

TIPP
Diese Pflanze ist giftig. Waschen Sie sich nach getaner Arbeit gut die Hände.

Ob weiß, rosa oder sogar rot: Der Oleander erfreut Sie den ganzen Sommer über mit seiner Blütenpracht. Er gedeiht im Garten oder auf der Terrasse.

Familie: Hundsgiftgewächse (Apocynaceae)
Herkunft: Mittelmeerraum
Vermehrungsperiode: Juli und August
VERMEHRUNG MIT KOPFSTECKLINGEN – BEWURZELUNG IN DER ERDE ODER IM WASSER

BEWURZELUNG IN DER ERDE

1. Schneiden Sie gesunde, 15 bis 20 cm lange Stängel ohne Blüten ab. Schneiden Sie unterhalb eines Sprossknotens ab. Entfernen Sie die unteren Blätter und behalten Sie nur fünf oder sechs an den Triebspitzen.

2. Befüllen Sie Töpfe mit einem Durchmesser von 10 cm mit Anzuchterde. Machen Sie Löcher in die Erde und pflanzen Sie die Stecklinge ein – je einen pro Topf. Stellen Sie die Töpfe in einen hellen, 12 bis 20 °C warmen Raum.

3. Es dauert sechs Wochen, ehe sich die ersten Wurzeln bilden. Dann ist es an der Zeit, Ihre Stecklinge in Umtopferde zu pflanzen. Im kommenden Frühling pflanzen Sie sie dann ins Freiland um.

BEWURZELUNG IM WASSER

1. Schneiden Sie gesunde, 15 bis 20 cm lange Stängel ohne Blüten ab und bereiten Sie sie wie für die Bewurzelung in der Erde vor. Stellen Sie die Stecklinge in ein mit Wasser gefülltes Glasgefäß, die Blätter über Wasser.

2. Sobald sich drei bis vier Wochen später die ersten Wurzeln bilden, je einen Steckling in einen Topf mit 10 cm Durchmesser mit Anzuchterde einpflanzen. Stellen Sie die Töpfe in einen hellen, 12 bis 20 °C warmen Raum.

3. Nach sechs Wochen können Sie Ihre Stecklinge in Umtopferde pflanzen. Alternativ können Sie sie im kommenden Frühling ins Freiland pflanzen.

Rosaceae

Rosen

Dank der Hülle und Fülle an Größen, Formen und Farben wird bei diesen schönen Blumen jeder fündig. Damit auch die Rosen selbst glücklich sind, brauchen sie vor allem eins: Sonne.

Familie: Rosengewächse (Rosaceae)
Herkunft: gemäßigte und subtropische Regionen der nördlichen Hemisphäre
Vermehrungsperiode: September
VERMEHRUNG MIT KOPFSTECKLINGEN UND STECKHÖLZERN – BEWURZELUNG IN DER ERDE (2 MÖGLICHE TECHNIKEN)

Die richtige Pflanzenpflege

- **STANDORT**

Sonnig, allerdings abgeschirmt von der sengenden Sommersonne.

- **WASSERBEDARF / PFLEGE**

In einem Topf trocknet die Erde sehr schnell aus. Achten Sie darauf, sie schön feucht zu halten.

- Im Frühling und Sommer gießen Sie, abhängig von der Temperatur, regelmäßig zwei- bis dreimal die Woche. Vermeiden Sie es, die Blätter anzufeuchten, da dies Blattläuse und andere Parasiten anzieht. Geben Sie Ihren Rosen im Frühling Rosendünger und vergessen Sie nicht, die verwelkten Blüten zu entfernen, um eine erneute Blütenbildung anzuregen.
- Im Winter lassen Sie der Natur einfach ihren Lauf. Wenn es einige Wochen lang nicht regnet, sollten Sie allerdings ein wenig gießen.

- **UMTOPFEN**

Im Frühling, alle zwei oder drei Jahre, in einen mit Rosenerde gefüllten Topf mit Abzugsloch.

BEWURZELUNG IN DER ERDE – METHODE 1

1 Schneiden 10 bis 15 cm lange Stängel ab. Es sollten gesunde, diesjährige Triebe sein, die aber nicht mehr biegsam sind. Überprüfen Sie, dass sie keine Anzeichen für Krankheiten oder Parasitenbefall aufweisen. Entfernen Sie sämtliche Blätter.

2 Befüllen Sie einen Topf mit einem Durchmesser von ca. 10 cm mit Anzuchterde. Machen Sie ein Loch in die Erde und pflanzen Sie den Stängel kopfüber ein. So beugen Sie etwaiger Fäulnis vor.

3 Das abgeschnittene Ende bleibt zwei bis drei Wochen an der Luft, um zu vernarben. Dann können sie den Stängel umdrehen und zu zwei Dritteln seiner Länge in die Erde stecken. Stülpen Sie eine Glocke aus Glas oder Kunststoff über den Topf, um Gewächshausbedingungen zu schaffen. Stellen Sie den Topf an einen hellen und mindestens 5 °C warmen Platz.

4 Jetzt heißt es abwarten. Den ganzen Winter über müssen Sie darauf achten, die Erde feucht zu halten. Gießen Sie sie, sobald die Oberfläche trocken ist.

5 Im Frühling – im März oder April – können Sie Ihr Steckholz in einen größeren Topf mit Rosenerde umtopfen.

► ► ►

BEWURZELUNG IN DER ERDE – METHODE 2

1. Schneiden Sie 10 bis 15 cm lange Stängel ab. Es sollten gesunde, diesjährige Triebe sein, die aber nicht mehr biegsam sind. Überprüfen Sie, dass sie keine Anzeichen für Krankheiten oder Parasitenbefall aufweisen.

2. Schneiden Sie die Stängel genau unterhalb eines Sprossknotens ab und behalten Sie fünf oder sechs Blätter an der Triebspitze. Schneiden Sie die Spitze des Stängels ab und halbieren Sie die Blätter.

3. Bereiten Sie einen Topf mit flüssigem Rosen-Pilzfrei vor und tauchen Sie Ihre Stecklinge einige Minuten ein.

4. Pflanzen Sie sie anschließend in einen mit Anzuchterde gefüllten Topf. Stülpen Sie eine Glocke aus Glas oder Kunststoff über den Topf, um Gewächshausbedingungen zu schaffen. Stellen Sie den Topf in einen hellen, 18 bis 24 °C warmen Raum.

5. Jetzt heißt es abwarten. Den ganzen Winter über müssen Sie die Erde feucht halten. Gießen Sie sie, sobald die Oberfläche trocken ist.

6. Im Frühling – im März oder April – können Sie Ihre Stecklinge in einen größeren Topf mit Rosenerde umtopfen.

Begonia maculata

Forellen-begonie

Liebhaber ungewöhnlicher Blätter kommen bei der Forellenbegonie voll auf ihre Kosten. Die dunkelgrünen, weiß gesprenkelten Blätter sind ein echter Hingucker.

Familie: Schiefblattgewächse (Begoniaceae)
Herkunft: Brasilien
Vermehrungsperiode: im Winter, in der Ruhephase nach der Blütezeit.
VERMEHRUNG MIT KOPFSTECKLINGEN – BEWURZELUNG IM WASSER ODER IN DER ERDE

Die richtige Pflanzenpflege

• STANDORT
Hell, ohne direkte Sonneneinstrahlung und entfernt von Wärmequellen, wie Heizkörper, Öfen oder Kamine.

• WASSERBEDARF / PFLEGE
- Gießen Sie im Winter einmal pro Woche, sobald die Erde an der Oberfläche trocken ist.
- Im Frühling und im Sommer zwei- bis dreimal pro Woche. Entfernen Sie nach und nach die verwelkten Blüten, um so eine erneute Blütenbildung anzuregen.

• NÄHRSTOFFZUFUHR
Geben Sie Ihrer Pflanze von April bis September Flüssigdünger für Blühpflanzen.

• UMTOPFEN
Alle drei Jahre im Frühling.

BEWURZELUNG IM WASSER

1 Schneiden Sie einen ca. 5 bis 8 cm langen Stängel ab. Entfernen Sie die Blätter und behalten Sie nur drei oder vier an der Triebspitze. Stellen Sie den Steckling ins Wasser, ohne dass seine Blätter mit dem Wasser in Kontakt kommen.

2 Sobald sich Wurzeln gebildet haben und diese einige Zentimeter lang sind, ist es an der Zeit, den Steckling einzupflanzen.

3 Verwenden Sie einen Topf mit ca. 10 cm Durchmesser. Füllen Sie ihn mit Anzuchterde. Dabei handelt es sich um eine leichte, feine und wasserdurchlässige Erde. Diese Art von Pflanzenerde eignet sich bestens, um die Verwurzelung des Stecklings zu fördern. Machen Sie ein Loch in die Erde und legen Sie vorsichtig Ihren Steckling hinein, ohne dabei die Wurzeln zu beschädigen. Dann bedecken Sie ihn mit Erde und drücken diese vorsichtig an.

4 Stellen Sie den Topf an einen hellen, 20 bis 24 °C warmen Platz ohne direkte Sonneneinstrahlung und gießen Sie, sobald die Erde an der Oberfläche trocken ist..

5 Gießen Sie regelmäßig, um die Erde feucht zu halten, und achten Sie auf Anzeichen, die auf eine gute Entwicklung hindeuten: neue Blätter und einen wachsenden Stängel.

BEWURZELUNG IN DER ERDE

1 Schneiden Sie einen Stängel ab, der über mindestens drei Sprossknoten verfügt. Entfernen Sie alle Blätter bis auf drei oder vier an der Triebspitze.

2 Befüllen Sie einen Topf mit Anzuchterde, machen Sie ein Loch und pflanzen Sie Ihren Steckling hinein. Drücken Sie vorsichtig die Erde um den Steckling herum an. Gießen Sie ausgiebig, um die Erde gut zu befeuchten.

3 Stellen Sie den Topf dann an einen hellen und warmen Platz (20 bis 24 °C) und gießen Sie, sobald die Erde an der Oberfläche trocken ist.

4 Sobald sich neue Blätter entwickeln, können Sie Ihren Steckling in einen größeren Topf mit Grünpflanzenerde einpflanzen.

Aloe barbadensis

Aloe Vera

Ihr werden beruhigende Eigenschaften nachgesagt und sie bildet sehr viele Ableger: Die Rede ist selbstverständlich von der Aloe Vera.

Familie: Aloegewächse (Aloeaceae)
Herkunft: Mittelmeerregion, Nordafrika, Kanarische Inseln und Kapverdische Inseln
Vermehrungsperiode: Frühling
VERMEHRUNG MIT ABLEGERN ODER BLATTSTECKLINGEN - BEWURZELUNG IN DER ERDE

Die richtige Pflanzenpflege

- **STANDORT**
Sonnig.
- **WASSERBEDARF**
  - Im Winter gießen Sie, sobald die Erde vollkommen trocken ist, also ungefähr einmal im Monat.
  - Im Frühling und Sommer gießen Sie, sobald die Erde auf 3 bis 4 cm getrocknet ist, also ungefähr alle zwei Wochen.
- **NÄHRSTOFFZUFUHR**
Geben Sie Ihrer Pflanze während der Wachstumsphase alle zwei Wochen Flüssigdünger für Sukkulenten.
- **UMTOPFEN**
Im Frühling, alle zwei bis drei Jahre.

VERMEHRUNG MIT ABLEGER

1. Topfen Sie die Pflanze aus und entfernen Sie vorsichtig die Erde, die den Ableger umgibt. Trennen Sie ihn ab und achten Sie darauf, so viele Wurzeln wie möglich zu behalten. Dies erhöht die Chance, dass der Ableger angeht.

2. Setzen Sie ihn in einen Topf mit einer Erde-Torf-Mischung, und graben Sie ihn ein wenig ein. Sein Herz muss sich über der Erde befinden. Gießen Sie nicht sofort.

3. Stellen Sie den Topf in einem mindestens 18 °C warmen Raum an einen hellen Platz ohne direktes Sonnenlicht und abseits von Zugluft.

4. Nach zwei Wochen können Sie ein wenig gießen. Lassen Sie die Erde vollständig trocknen, bevor Sie erneut gießen.

VERMEHRUNG MIT BLATTSTECKLING

1. Diese Technik ist nicht so leicht von Erfolg gekrönt, aber wer nicht wagt, der nicht gewinnt! Wählen Sie ein etwa 8 bis 10 cm großes Blatt unter den ältesten Blättern am Fuß der Pflanze aus und schneiden Sie es mit einem scharfen Messer ab. Lassen Sie das abgeschnittene Blatt zwei bis drei Tage an der Luft trocknen, bis sich ein Kallus an der Schnittstelle gebildet hat.

2. Füllen Sie einen Topf mit Abzugsloch mit einer gleichteiligen Mischung aus wasserdurchlässiger Erde und Sand auf. Stecken Sie das Blatt zu einem Drittel schön gerade in die Erde.

3. Besprühen Sie anschließend die Erde, um die Oberfläche leicht anzufeuchten.

4 Stellen Sie Ihren Steckling an einen Platz abseits von Zugluft und direkter Sonneneinstrahlung. Besprühen Sie die Erde einmal pro Woche.

5 Jetzt sind mehrere Wochen Geduld gefragt. So können Sie überprüfen, ob Ihr Steckling angegangen ist: Im besten Fall können Sie einem neuen Blatt beim Wachsen zuschauen. Anderenfalls ziehen Sie vorsichtig am Blatt. Falls Sie einen Widerstand spüren, haben sich Wurzeln gebildet und Ihr Steckling ist angegangen.

Leuchter-blume

Ceropegia woodii

Diese Sukkulente lässt mit ihren hübschen Blättern das Herz höherschlagen! Sie ist pflegeleicht, fühlt sich in allen Räumen des Hauses wohl und schenkt ihnen obendrein noch wunderschöne rosa Blüten.

Familie: Seidenpflanzengewächse (Asclepiadaceae)
Herkunft: Südafrika
Vermehrungsperiode: ganzjährig
VERMEHRUNG MIT KOPFSTECKLINGEN IN DER ERDE ODER DURCH ABSENKEN

Die richtige Pflanzenpflege

- **STANDORT**
Hell, zu weniger warmen Tageszeiten auch sonnig.
- **WASSERBEDARF**
- Im Frühling und Sommer alle zehn Tage. Während dieser Zeit geben Sie Ihrer Pflanze auch einmal pro Monat Sukkulentendünger.
- Von Anfang Herbst bis zum Ende des Winters sind eine bis zwei Wässerungen pro Monat ausreichend. Achten Sie sorgfältig darauf, dass sich im Unterteller kein Wasser ansammelt.
- **UMTOPFEN**
Im Frühling, alle zwei Jahre.

BEWURZELUNG IN DER ERDE

1 Schneiden Sie einen mindestens 5 cm langen Trieb ab. Achten Sie darauf, eine Knolle zu erhalten – das ist eine der kleinen weißen Kugeln, die der Pflanze als Wasserspeicher dienen und die sich auf den Blättern bilden. Lassen Sie den Trieb einen Tag lang trocknen und somit vernarben.

2 Graben Sie in einem mit Anzuchterde gefüllten Topf die halbe Knolle sowie einen kleinen Teil des Stängels ein.

3 Stellen Sie Ihren Steckling in einen hellen Raum ohne direktes Sonnenlicht bei einer Temperatur von 15 und 20 °C. Gießen Sie regelmäßig, um die Erde feucht zu halten.

4 Nun müssen Sie mehrere Wochen Geduld haben, ehe sich Ihre Pflanze verwurzelt. Die Wartezeit hängt von der Jahreszeit ab: Im Frühling oder Sommer können Sie mit etwa drei, im Winter mit ungefähr sechs Wochen rechnen.

ABSENKEN

Dies ist die Technik der Wahl, wenn Sie Ihrer Pflanze dabei helfen wollen, sich auszubreiten.

1 Legen Sie Blähton auf den Boden eines Topfs mit Abzugsloch und befüllen Sie ihn mit Anzuchterde. Wählen Sie einen Trieb der Mutterpflanze aus, der auf Höhe eines Doppelblatts einen Sprossknoten aufweist. Biegen Sie den Trieb nach unten, ohne ihn abzubrechen, und drücken Sie den Knoten in die Erde in Ihrem Topf. Befestigen Sie ihn anschließend mit Pflanzenklammern, um ein Verrutschen zu verhindern.

2 Halten Sie die Erde immer schön feucht, bis der Knoten eine Knolle ausgebildet hat. Dies sollte, je nach Jahreszeit, nach drei bis sechs Wochen der Fall sein. Danach können Sie den Absenker von der Mutterpflanze abschneiden.

Echeveria

Echeverie

Diese kleinen Sukkulenten sind vollkommen pflegeleicht. Die Echeverie ist die ideale Pflanze für Menschen, die glauben, keinen grünen Daumen zu haben, oder die häufig auf Reisen sind. Ihre pastellfarbenen Blätter machen sie zudem zu einem beliebten Deko-Objekt.

Familie: Dickblattgewächse (Crassulaceae)
Herkunft: Mexiko
Vermehrungsperiode: ganzjährig, außer während der Frostperiode
VERMEHRUNG MIT BLATTSTECKLINGEN – BEWURZELUNG IN DER ERDE ODER IM WASSER

Die richtige Pflanzenpflege

• **STANDORT**
Hell, ohne direkte Sonneneinstrahlung.

• **WASSERBEDARF**
- Im Winter stellen Sie Ihre Pflanze einmal pro Monat ins Wasserbad.
- Im Frühling und Herbst einmal alle zwei Wochen.
- Im Sommer einmal pro Woche.

Lassen Sie die Pflanze jeweils 30 Minuten im Wasser stehen. Lassen Sie die Erde zwischen zwei Wässerungen trocknen. Entfernen Sie nach und nach die verwelkten Blätter, um so die Entwicklung der Pflanze anzuregen.

• **UMTOPFEN**
Jedes Jahr im Frühling in einen etwas größeren Topf. Verwenden Sie Sukkulentenerde oder eine Mischung aus Erde und Sand.

BEWURZELUNG VON BLATTSTECKLINGEN IN DER ERDE

1 Wählen Sie drei gesunde Blätter aus – das steigert Ihre Erfolgsaussichten – und trennen Sie sie mit einer ruckartigen Bewegung vom Fuß der Pflanze ab. Lassen Sie sie drei bis vier Tage trocknen, damit sich ein Kallus bilden kann.

2 Füllen Sie einen Topf mit Sukkulentenerde und legen Sie die Blätter darauf, ohne sie in die Erde zu drücken. Stellen Sie die Stecklinge in einen hellen, gut belüfteten Raum.

3 Besprühen Sie die Erde jeden Tag und seien Sie geduldig: Es kann bis zu vier Wochen dauern, ehe sich die ersten kleinen Wurzeln zeigen.

4 Wenn es so weit ist, entwickeln sich neue Blätter. Sie sehen aus wie kleine Rosetten. Nun muss weniger gegossen werden. Einmal alle zwei Wochen ist ausreichend.

5 Sobald eine Rosette eine schöne Form gebildet hat, können Sie sie vorsichtig mit ihren Händen ausgraben und in einen eigenen Topf pflanzen.

TIPP
Nicht alle Stecklinge gehen an! Arbeiten Sie daher immer mit mehreren Blattstecklingen, damit Ihre Arbeit auch ganz sicher von Erfolg gekrönt ist.

BEWURZELUNG IM WASSER

1 Entfernen Sie drei gesunde Blätter, indem Sie sie mit einer ruckartigen Bewegung vom Fuß der Pflanze abtrennen. Lassen Sie sie drei bis vier Tage trocknen, damit sich ein Kallus bilden kann.

2 Stellen Sie die Stecklinge in eine durchsichtige Vase mit schmaler Öffnung, sodass der Kallus im Wasser steht.

3 Nach zwei bis drei Wochen sollten sich die ersten Wurzeln zeigen. Sobald sie 1 cm lang sind, ist es an der Zeit, die Stecklinge in einen Topf mit Sukkulentenerde einzupflanzen. Bedecken Sie die Wurzeln vorsichtig mit Erde. Folgen Sie anschließend den zuvor beschriebenen Schritten 3 bis 5 für die Bewurzelung in der Erde.

Haworthia fascinata

Zebra-Haworthie

Die Zebra-Haworthie hat dichte, spitze, dunkelgrüne Blätter mit weißen Sprenkeln und bringt viele Ableger hervor!

Familie: Grasbaumgewächse (Xanthorrhoeaceae)
Herkunft: Südafrika
Vermehrungsperiode: ganzjährig (im Winter nur drinnen)
VERMEHRUNG MIT ABLEGERN – BEWURZELUNG IN DER ERDE ODER IM WASSER

Die richtige Pflanzenpflege

- **STANDORT**
Hell, ohne direkte Sonneneinstrahlung.
- **WASSERBEDARF**
  - Im Winter stellen Sie Ihre Pflanze einmal pro Monat ins Wasserbad.
  - Im Frühling und Herbst stellen Sie sie einmal alle zwei Wochen ins Wasserbad. Im Sommer einmal pro Woche. Lassen Sie die Pflanze jeweils 30 Minuten im Wasser stehen Lassen Sie die Erde zwischen zwei Wässerungen trocknen. Entfernen Sie nach und nach die verwelkten Blätter, um so die Entwicklung der Pflanze anzuregen.
- **UMTOPFEN**
Alle zwei Jahre im Frühling in Sukkulentenerde. Belegen Sie den Boden des Topfs mit Blähton, um eine gute Drainage zu gewährleisten. Achten Sie darauf, dass sich im Unterteller kein Wasser sammelt.

BEWURZELUNG VON ABLEGERN IN DER ERDE

1. Topfen Sie die Pflanze aus und entfernen Sie vorsichtig die Erde, die den Ableger umgibt. Trennen Sie ihn ab und achten Sie darauf, so viele Wurzeln wie möglich zu behalten. Dies erhöht die Chance, dass der Ableger angeht.

2. Setzen Sie den Ableger in einen Topf mit einer Erde-Torf-Mischung und graben Sie ihn ein wenig in die Erde ein. Sein Herz muss sich über der Erde befinden. Gießen Sie nicht sofort.

3. Stellen Sie den Topf in einem mindestens 18 °C warmen Raum an einen hellen Platz ohne direktes Sonnenlicht und abseits etwaiger Zugluft.

4. Nach zwei Wochen können Sie ein wenig gießen. Lassen Sie die Erde vollständig trocknen, bevor Sie erneut gießen.

BEWURZELUNG VON ABLEGERN IM WASSER

1. Wählen Sie einen Ableger aus und achten Sie darauf, so viele Wurzeln wie möglich zu behalten. Lassen Sie den Ableger zwei bis drei Tage trocknen und eventuell vernarben.

2. Stellen Sie Ihren Ableger in einen mit Wasser auf Zimmertemperatur gefüllten Behälter. Achten Sie darauf, dass die Wurzeln, nicht aber die Blätter, ins Wasser eingetaucht sind. Stellen Sie Ihren Ableger anschließend an einen Platz abseits von Zugluft und direkter Sonneneinstrahlung.

3. Nach einigen Tagen zeigen sich bereits die ersten kleinen weißen Wurzeln. Jetzt ist es an der Zeit, Ihren Ableger einzutopfen (s. S. 23).

Schneiden Sie die Blätter in etwa 8 cm lange Abschnitte.

Stecken Sie den schräg abgeschnittenen Teil in die Erde.

Stülpen Sie eine Glocke aus Glas über den Topf, um Gewächshausbedingungen zu schaffen.

Nach ein paar Monaten Geduld haben Sie eine Pflanze wie diese hier.

Sansevieria

Bogenhanf

Diese Pflanze, die auch „Schwiegermutterzunge“ genannt wird, ist bestens für Anfänger geeignet. Sie ist pflegeleicht und braucht nur wenig Aufmerksamkeit, kurz: Sie ist nicht kaputt zu kriegen.

Familie: Spargelgewächse (Asparagaceae)
Herkunft: Afrika
Vermehrungsperiode: Frühling und Sommer – die Wärme hilft beim Angehen der Stecklinge.
VERMEHRUNG MIT BLATTSTECKLINGEN – BEWURZELUNG IN DER ERDE

Die richtige Pflanzenpflege

- **STANDORT**
Hell, ohne direkte Sonneneinstrahlung, da sonst die Blätter vergilben, 18 bis 22 °C. Lichtmangel hemmt das Wachstum.
- **WASSERBEDARF**
  - Im Frühling und im Sommer einmal pro Woche.
  - Im Winter ungefähr einmal alle drei Wochen.
- **UMTOPFEN**
Alle zwei Jahre in einen etwas größeren Tontopf mit spezieller Kakteenerde.

BEWURZELUNG VON BLATTSTECKLINGEN IN DER ERDE

1 Entfernen Sie ein Blatt. Schneiden Sie es mithilfe eines sauberen Messers in ca. 8 cm lange Teile. Schneiden Sie den unteren Teil jedes Teilstücks auf jeder Seite schräg an, damit diese Seite, die Sie später in die Erde pflanzen werden, schmaler wird. Lassen Sie die Teile drei Tage lang trocknen und vernarben.

2 Bereiten Sie für jedes Blattstück einen Topf mit 10 cm Durchmesser und einem Abzugsloch vor, den Sie mit Blähton auslegen und mit Erde füllen. Gießen Sie diese sofort.

3 Stecken Sie anschließend die Blattstücke mit der schräg angeschnittenen Seite in die Erde. Stülpen Sie eine Glocke aus Glas oder Kunststoff über den Topf. Diese muss jeden Tag für zehn Minuten abgehoben werden, um die Bildung von Kondenswasser zu vermeiden.

4 Nach vier Wochen wachsen die ersten Wurzeln an der Unterseite der Blattteile. Jetzt können Sie die Glocke entfernen.

Pflanzenverzeichnis

Verzeichnis der Techniken

Über uns

Maison Bouture wurde 2017 von vier Freunden gegründet: Charles, Tiphaine, François und Olivia. Schon immer waren wir von der Natur fasziniert und davon, was sie uns zu bieten hat. Wir waren uns sicher, dass sie uns vieles lehren könnte, und so haben wir ihr einen zentralen Platz in unserem Leben eingeräumt.

Die Erfahrungen, die wir gesammelt haben, wollen wir nun an Sie weitergeben, sodass Sie Ihre Pflanzen unendlich oft vermehren können und sich Ihr Pflanzennachwuchs pudelwohl fühlt.

Maison Bouture verfügt darüber hinaus über einen Onlineshop und einen Blog (maisonbouture.org – in französischer Sprache), auf dem Sie zahlreiche Tipps und Anregungen finden, wie Sie mit Pflanzen Ihren Alltag bereichern können.

Charles, unser Landschaftsgärtner, kennt sich von uns am besten mit Pflanzen aus und gibt uns sein Wissen weiter. Seine Ratschläge sind Gold wert!

Tiphaine kümmert sich bei Maison Bouture um die Bebilderung. Sie fotografiert die Natur, die uns umgibt, und setzt sie so richtig in Szene. Auch nimmt sie sich jeden Tag Zeit, auf Ihre Anfragen zu antworten, um Sie zu begleiten und in Sachen Pflanzenpflege und -vermehrung so gut wie möglich zu beraten.

Neuheiten und Herausforderungen sind das Steckenpferd von **François**. Er setzt alles daran, ganz Frankreich in den Genuss unserer Garteninstallationen kommen zu lassen.

Olivia bearbeitet mit viel Liebe und Sorgfalt all Ihre Onlinebestellungen. Sie arbeitet unentwegt daran, neue, schöne und seltene Pflanzen sowie neue Topf- und Übertopfmodelle für Sie bereitzustellen, die Ihre Pflanzen zum Blickfang machen. Sie steht Ihnen zudem bei Fragen zur Verfügung.

Bücher, die uns inspirieren

- Denis Retournard, Rosenn Le Page, *ABC der Stecklinge. Richtig vermehren, ziehen, auspflanzen und pflegen.* Gondrom 2005.
- Fran Bailey, Zia Allaway, *Alles über Zimmerpflanzen. Auswählen, gestalten, pflegen. Inklusive 175 Pflanzen im Porträt.* Dorling Kindersley Verlag 2019.
- Caro Langton, Rose Ray, *House of Plants. Mit Sukkulenten, Luftpflanzen und Kakteen leben,* teNeues Media, 2018.

ISBN 978-3-8094-4635-4

1. Auflage

Die Originalausgabe erschien unter dem Titel *Noyaux & Boutures*

Fotos: © Tiphaine Germain-Lacour

Illustrationen : Léa Morineau

Projektleitung dieser Ausgabe: Dr. Iris Hahner

Umschlaggestaltung: Atelier Versen, Bad Aibling

Übersetzung: SAW Communications, Annegret Tripodi

Producing: SAW Communications, Redaktionsbüro Dr. Sabine A. Werner, Klein-Winternheim

Herstellung: Franziska Polenz

Penguin Random House Verlagsgruppe FSC® N001967

Druck und Bindung: aprinta Druck GmbH, Wemding

Printed in Germany